# 디지털통신원론

# 디지털통신원론

주언경

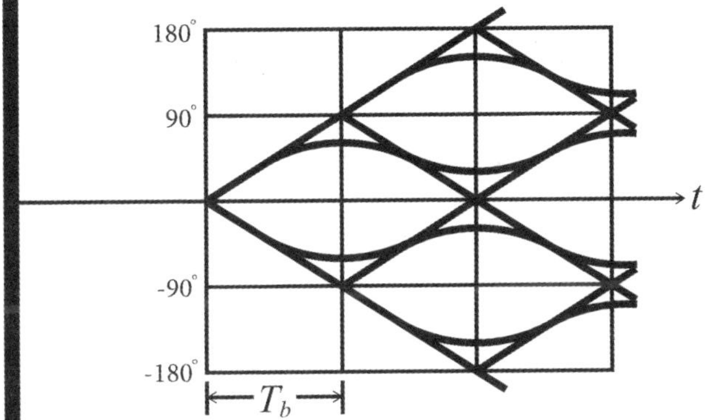


Principles of Digital Communications

경북대학교출판부

**주언경**
서울대학교 전자공학과(공학사)
미국 오하이오주립대학교 전기공학과(공학석사 및 박사)
해군 통신전자 기술장교
한국과학기술연구원 전자공학연구부 연구원
(현) 경북대학교 전자공학부 교수

# 디지털통신원론

**찍은 날** 2017년 11월 2일 | **펴낸 날** 2017년 11월 6일
**지은이** 주언경 | **펴낸이** 김상동 | **펴낸 곳** 경북대학교출판부
**출판등록** 1973년 10월 10일 ㉑97호 | **주소** 대구광역시 북구 대학로 80
**전화** 053-950-6741~3 | **팩스** 053-953-4692 | **E-mail** press@knu.ac.kr
**Homepage** www.knupress.com

**ISBN** 978-89-7180-474-2 93560

정가는 뒤표지에 있습니다.
파본은 바꾸어 드립니다.

# 머리말

1948년, 미국 벨 연구소에서 과학사에 남을 만한 두 가지 사건이 벌어집니다. 하나는 쇼클리, 바딘, 브래튼의 트랜지스터 발명이고, 다른 하나는 섀넌의 한 논문에서 비롯된 정보이론의 탄생입니다. 이 두 사건은 우리 시대가 종전까지의 아날로그 시대에서 디지털 시대로 전환하는 도화선이 됩니다. 그로부터 70여 년이 지난 지금, 디지털이라는 단어는 과학자들만 쓰는 전문용어가 아닌 일반인에게도 아주 익숙한 단어가 되었고, 모든 분야에서 디지털화가 중시되는 완전한 디지털의 시대가 되었습니다. 이러한 디지털 시대를 선도한 분야가 바로 통신, 즉 디지털통신입니다.

이 책은 디지털통신 입문서입니다. 디지털통신을 다룬 기존의 책들은 대부분 참고서적을 겸했기에 분량이 방대했고, 이 분야를 처음 접하는 사람이 채 시작도 하기 전에 주눅 들게 하는 경향이 있었습니다. 그 점을 감안하여 이 책은 이미 디지털통신 분야에 종사하는 사람보다는 디지털통신에 첫 발을 디디는 대학의 학부생이나 대학원생들이 좀 더 쉽고 친숙하게 받아들일 수 있도록 구성하였습니다. 복잡한 수식이나 어려운 용어를 최대한 줄이고 쉽게 설명하려 노력하였습니다. 아울러 어떤 이론이나 기술을 설명하는 데 그치지 않고, 왜 그런 이론이나 기술이 나오게 되었으며 그것들이 왜 중요한지를 강조하고자 하였습니다. 그러므로 독자 여러분께도 이 책의 어느 한 장 혹은 한 절만 발췌하여 읽는 것보다는 가급적 처음부터 끝까지 다 읽기를 권합니다. 모든 이론과 기술은 단독으로 만들어지는 것이 아니라 과학사의 전후 맥락 속에서 만들어지기 때문입니다.

목차에도 나와 있듯이 이 책은 크게 4부로 이루어져 있습니다. 1부는 아날로그 메시지를 디지털로 변환하는 아날로그-디지털 변환에 관해, 2부는 디지털 신호를 변조하지 않고 전송하는 기저대역 전송에 관해 알아봅니다. 3부는 디지털 신호의 변조를 다루고, 4부는 정보이론을 소개합니다.

디지털통신의 세계에 들어오는 여러분을 환영합니다. 이 책을 통해 디지털통신이라는 멋진 분야를 만끽하시기를 바랍니다.

2017년 11월

주언경

## ▩ 차 례

## 제3부 — 디지털 신호를 어떻게 변조하는가?



## 제4부 — 정보이론이란 무엇이며 디지털통신과의 관계는?

제1장

# 디지털통신의 정의와 특성

디지털통신에 대해 본격적으로 알아보기에 앞서, 포괄적이고 또 가장 근본적인 질문을 먼저 해 보겠습니다. 즉 디지털통신은 무엇이고 왜 필요한가, 바로 디지털통신의 정의와 의의에 대해서입니다. 먼저 통신이란 무엇일까요? 쉽게 말해 정보의 전달 및 교환으로 볼 수 있습니다. 정보를 가진 메시지인 음성, 영상, 문자, 데이터 등을 보내거나 주고받는 것이 바로 통신입니다. 예전에는 한 곳에서 다른 곳으로 정보를 전달하는 공간적 의미의 통신만을 고려했지만, 현재는 데이터 통신의 발달로 말미암아 동일한 장소에 정보를 저장했다가 시간이 흐른 뒤에 재생하는 시간적 의미의 통신 역시 통신의 범주에 포함합니다. 사회과학적으로는 옆 사람과의 대화도 통신의 범위에 포함되겠지만, 통신공학에서는 이 같은 경우는 일반적으로 고려하지 않습니다. 공학에서 다루는 통신은 전술한 것처럼 정보를 가진 메시지를 신호로 변환하여 전달하는 경우를 대상으로 합니다. 여기서 말하는 신호는 시간에 따라 또는 메시지에 따라 변하는 전기량, 즉 전류나 전압을 의미합니다. 메시지를 신호로 변환하는 기기를 변환기(transducer)라 하는데, 이 신호의 모양에 따라 디지털통신이 정의됩니다.

## 1. 정의

디지털통신은 시간과 크기, 진폭이 이산(discrete)적인 디지털 신호를 주고받는 것을 말합니다. 논리회로에서 다룬 2진 신호가 대표적인 디지털 신호입니다. 반면 아날로그통신에서는 동일한 메시지를 전송할 때 시간과 크기가 연속(continuous)적인 아날로그 신호를 이용합니다. 이처럼 아날로그통신과 디지털통신을 구분할 때 메시지가 무엇인지는 중요하지 않습니다. 그 메시지를 어떤 형태의 신호로 변환하여 전송하는가가 중요합니다.

## 2. 성능척도

아날로그통신과 대비하여 좀 더 디지털통신을 잘 이해하기 위한 파라미터(parameter)가 있습니다. 바로 성능척도(performance measure)입니다. 아날로그 신호는 그 크기나 진폭이 연속적이므로, 수신 신호는 송신 신호와 완벽하게 일치하는 것이 바람직합니다. 그러면 아무런 정보의 손실 없는 이상적인 통신을 할 수 있습니다. 그러나 현실에서는 필연적으로 송신 신호와 수신 신호 사이에 차이가 존재합니다. 송신 신호와 수신 신호 사이의 채널(channel)에서 일어나는 바람직하지 않은 현상 때문입니다. 여기서 바람직하지 않다 함은 송신기에서 보낸 신호가 채널을 통해 그대로 수신기에 전해지지 않는다는 뜻입니다. 여러 가지 이유가 있지만, 크게 보면 왜곡(distortion)과 잡음(noise)이라는 두 가지 문제 때문입니다. 왜곡이란 간단하게 정의하면 채널이란 시스템의 여파기(filter)특성에 의해 신호가 찌그러지는 현상을 말합니다. 그러므로 왜곡을 줄이기 위해서는 채널의 입력인 송신 신호의 대역폭을 가능한 한 줄이는 것이 좋습니다. 반대로 여파기인 채널의 대역폭은 상대적으로 늘리는 것이 바람직합니다. 잡음이란 일반적으로 송신 신호에 더해져 송신 신호를 변경시키는 예측할 수 없는 모든 방해 신호를 통칭합니다. 따라서 왜곡의 분석과 대책 수립을 위해서는 시스템의 주파수 특성이 이용됩니다. 잡음에 대해서는 그 임의성(randomness) 때문에 시간의 함수로 나타나는 확률변수(random variable)인 확률과정(random process)이 이용됩니다. 그러므로 아날로그통신 성능척도는 수신기에 재생되는 신호가 얼마나 송신 신호에 근접하는가를 나타냅니다. 수신 및 재생 신호와 송신 신호 간에 차이가 작을수록 통신의 품질이 더 좋아집니다.

이처럼 송수신 신호들 사이의 차이는 원인에 따라 왜곡과 잡음으로 분류할 수 있지만 논리상으로는 둘 다 잡음으로 보아도 무방합니다. 왜냐하면 채널의 출력에 해당하는 수신 신호의 관점에서 보면 왜곡에 의한 차이인지 잡음에 의한 차이인지 구별할 수 없기 때문입니다. 잡음의 크기는 그 특성상 전력으로 표현됩니다. 그러므로 아날로그통신의 성능척도는 신호 전력에 대한 잡음 전력의 비율에 해당하는 신호 대 잡음비(signal-to-noise ratio: SNR), 즉 평균 신호 전력 대 평균 잡음 전력의 비입니다. 당연히 SNR이 증가할수록 더 좋은 아날로그통신 시스템이 됩니다.

마찬가지로 디지털통신에서도 송신 신호와 똑같은 수신 신호를 얻을 수 있으면 아주 이상적이겠지만, 반드시 송수신 신호가 동일하지 않아도 됩니다. 왜냐하면 디지털 신호는 이산적인 진폭만 가지기 때문입니다. 간단한 예를 들어 보겠습니다. 송신 신호가 +5V와 −5V의 두 진폭 값만 가지고, 다른 값의 진폭은 전혀 송신되지 않는다고 가정해 봅시다. 이때 만약 +3V를 수신했다면 여러분은 어떻게 하겠습니까? 수신 측에서도 가능한 송신 신호의 진폭이 +5V와 −5V뿐이라는 것은 이미 알고 있으므로, 송신 신호가

+3V가 아니라고 판단할 수 있습니다. 그렇다면 수신 측은 +5V와 -5V 중 어느 진폭을 보냈다고 판단할까요? 수학적으로 충분히 증명할 수 있지만, 상식적으로 생각해도 +5V 쪽이 실제 수신된 +3V와 2V 차이가 나고, 이 숫자가 다른 쪽인 -5V와의 차이 8V보다 훨씬 작기 때문에 +5V를 보냈다고 판단하는 것이 합리적입니다. 이처럼 디지털통신에서는 완벽한 송신 신호 값을 추정할 필요 없이 이산적인, 즉 유한한 송신 신호 값을 올바르게 판단하는 것만으로도 충분합니다. 따라서 디지털통신의 성능척도는 잘못 판단할 확률로서 오류확률(probability of error)을 사용합니다. 당연히 오류확률을 줄일수록 더 좋은 디지털통신 시스템이 됩니다. 참고로 아날로그통신을 사용할 경우에는 +3V를 받고서 +5V가 송신되었을 것이라고 판단할 근거가 전혀 없습니다. 연속적인 진폭을 사용하는 아날로그통신은 +3V도 송신가능하기 때문입니다.

그럼 디지털통신은 왜 제대로 판단할 확률이 아닌 잘못 판단할 확률을 성능척도로 사용할까요? 확률의 특성상 이 두 가지 확률을 더하면 항상 1이 됩니다. 따라서 하나의 확률을 알면 다른 확률도 바로 알 수 있습니다. 그러나 둘 중에 오류확률을 성능척도로 사용하는 데는 현실적인 이유가 있습니다. 우리가 사용할 수 있는 실제 디지털통신 시스템의 최대오류확률은 0.001~0.0001, 즉 $10^{-3}$~$10^{-4}$ 정도입니다. 이 경우 제대로 판단할 확률은 0.999~0.9999입니다. 이 정도는 별 문제가 없습니다. 그러나 최대오류확률은 말 그대로 최대값으로 실제로는 음성 통신에나 적용할 수 있는 수치입니다. 대상 메시지가 영상이나 데이터가 되면 그보다 훨씬 낮은 오류확률이 필요합니다. 만약 오류확률이 $10^{-6}$이면 제대로 판단할 확률은 0.999999가 됩니다. 벌써 쓰기도 읽기도 좀 불편해집니다. 오류확률이 더 줄어들어 $10^{-12}$이 되면 제대로 판단할 확률을 쓰거나 읽기 위해 9가 무려 12개나 필요합니다. 시스템의 성능이 향상될수록 오류확률은 더욱더 줄어들 것이므로, 제대로 판단할 확률을 쓰거나 읽기가 더 불편해질 것은 분명합니다. 반면 오류확률은 지수적으로 표현할 수 있으므로 훨씬 편리하게 쓰거나 읽을 수 있습니다. $10^{-15}$, $3.5 \times 10^{-12}$ 등과 같습니다. 오류확률을 디지털통신의 성능척도로 사용하는 것은 이러한 현실상의 편의를 위해서입니다.

### 3. 장단점을 포함한 특성

지금까지 디지털통신이 무엇인지에 대해 알아보았습니다. 이제 왜 디지털통신을 사용하는지, 즉 아날로그통신에 비해 디지털통신에 어떤 장단점이 있는지 알아봅시다.

먼저 디지털통신의 장점부터 알아보겠습니다. 디지털통신의 첫 번째 장점으로 잡음 여유도(noise margin)를 들 수 있습니다. 앞의 예와 같이 +5V와 -5V의 두 진폭만을 사용하는 2진 디지털통신 시스템에서는 0V를 문턱(threshold) 값으로 사용합니다. 즉, 0V보다 큰 수신 신호에 대해서는 +5V가 송신된 것으로 판단하고, 수신 신호가 0V보다 작은 경우에는 송신 신호가 -5V인 것으로 판단합니다. 5V 이하의 잡음이 실린 경우에는 올바른 판단을 하는 데 전혀 문제가 없습니다. 전혀 오류가 발생하지 않습니다. 이 경우 잡음 여유도는 5V입니다. 반면 아날로그통신에서는 항상 잡음 여유도가 0V입니다. 이 점이 가장 중요한 디지털통신의 장점입니다.

둘째, 오류 제어(error control)입니다. 오류 제어에는 오류 검출(detection)

및 정정(correction)이 있습니다. 앞서의 예에서 디지털통신은 5V의 잡음 여유도가 있습니다. 이 경우 5V 이하의 잡음은 오류를 발생시키지 않지만, 만약 그 이상의 잡음이 들어오면 당연히 오류가 발생합니다. 그러나 오류가 발생한 경우에도 디지털통신은 그 오류를 스스로 검출하고 나아가 정정할 수 있습니다. 그 원리는 바로 반복성(redundancy)에 있습니다. 간단한 반복 부호(repetition code)를 예로 들어 보겠습니다. 부호 0과 1을 사용하는 2진 통신 시스템에서 0과 1만 보낸다면 오류 발생 여부를 판단할 근거가 없습니다. 그러나 0 대신 00, 1 대신 11로 반복된 2개의 비트를 보냅니다. 01이나 10은 송신하지 않습니다. 이때 10이라는 2비트를 수신했다면 수신 측에서는 오류가 발생했음을 알 수 있습니다. 00과 11만 송신했을 뿐 01과 10은 송신하지 않았기 때문입니다. 즉 오류 검출이 가능합니다. 그러나 이 경우에는 오류정정까지는 불가능합니다. 만약 00을 송신하여 10이 수신되었다면 앞 비트에 오류가 발생된 것이고, 11을 송신하여 10을 수신하였다면 뒤 비트에서 오류가 발생한 것인데, 두 경우 중에 어느 쪽이 옳은지 판단할 근거가 없습니다. 그러나 반복 비트를 더 늘려 0은 000, 1은 111로 송신합니다. 이때 만약 100을 수신하였다면 우선 오류 발생 여부는 바로 판단할 수 있습니다. 나아가 100의 수신 비트가 당초 000을 송신했으며 첫 번째의 1개 비트에서 오류가 발생한 것임을 알 수 있습니다. 당초 111을 송신했는데 둘째와 셋째의 2개 비트에서 오류가 발생했다고 판단할 수도 있지만, 확률적으로 1개 비트에서 오류가 발생할 확률이 2개 비트에서 오류가 발생할 확률보다 훨씬 높기 때문에 000이 송신되었다고 판단하는 것이 합리적입니다. 이 경우 실제 1개의 비트가 오류인 경우는 오류의 정정이 가능합니다. 잡음 여유도가 있는 것만으로도 아날로그통신에 비해 디지털통신의 장점이 상대적으로 매우 큰데, 만약 오류가 발생하더라도 이를 검출할 수 있고 또 정정까지 할 수 있는 것입니다.

셋째, 암호화(encryption)입니다. 정보화시대에 정보는 곧 돈이요 권력입니다. 따라서 정보를 잘 보호하는 것이 매우 중요합니다. 이는 정보를 송수신할 때 내가 보내는 정보는 내가 원하는 수신자에게만 전달되고 다른 사람에게는 전달되서는 안 된다는 뜻입니다. 이는 송신정보의 암호화에 의해 가능합니다. 암호화의 원리를 이해하기 위해 간단한 암호 하나를 예로 들어 보겠습니다. 여러분이 DIGITAL을 수신하였다면 바로 어떤 단어가 송신되었는지 알 수 있습니다. 그러나 LATIGID를 수신하였다면 송신된 단어가 무엇인지 알 수 없을 것입니다. 이를 알 수 있는 방법은 송수신자가 미리 모든 단어를 거꾸로 송신한다고 약속하는 것입니다. 이것을 열쇠(key)라고 하는데 이 열쇠를 내가 원하는 수신자에게만 제공합니다. 열쇠를 가진 수신자는 수신 즉시 모든 단어를 거꾸로 읽게 되고 위의 경우 실제 송신 단어가 DIGITAL임을 바로 판단할 수 있습니다. 그러나 이 열쇠를 모르는 사람들은 그런 판단을 할 수 없습니다. 아날로그통신에는 이러한 암호화기법을 적용할 수가 없습니다.

넷째, 다중화(multiplexing)입니다. 이것은 동일한 채널을 여러 송수신자가 동시에 이용할 수 있는 기술입니다. 전술한 바와 같이 아날로그통신에서는 시간과 크기가 연속적인 아날로그 신호를 전송합니다. 그러므로 여러 아날로그 신호를 동시에 전송하기 위해서는 각 신호의 주파수를 달리하여 전송할 수밖에 없습니다. 이것이 바로 주파수 분할 다중화(frequency division multiplexing: FDM)이며, 우리나라 라디오방송이 그 대표적인 예입니다. 반면 디지털통신에서는 크기뿐 아니라 시간에서도 이산적인 디지털 신호를 사용합니다. 따라서 주파수 영역뿐 아니라 시간 영역에서도 다중화가 가능합니다. 이것이 시분할 다중화(time division multiplexing: TDM)입니다. FDM만이 가능한 아날로그통신에 비해, FDM뿐 아니라 TDM까지 가능한 디지털통신이 더 유리한 것은 당연합니다.

다섯째, 멀티미디어(multimedia) 통신입니다. 예전의 통신기는 단 한 종류의 메시지만 전송할 수 있었습니다. 예를 들면 전화기로는 음성 통신만 할 수 있었습니다. 즉 단일미디어 통신입니다. 그러나 요즘은 하나의 통신기로 수많은 종류의 메시지를 전송할 수 있습니다. 스마트폰이 대표적인 예입니다. 음성 통신은 물론 문자, 영상, 데이터 등 많은 종류의 메시지가 스마트폰 하나로 처리되고 송수신됩니다. 이것이 바로 멀티미디어 통신입니다. 그런데 이렇게 송수신되는 메시지 가운데는 음성과 같이 원래 아날로그 형태인 것이 있고 또 문자나 데이터처럼 디지털 형태인 것이 있습니다. 이러한 여러 메시지를 하나의 통신기로 전송하기 위해서는 두 가지 방법이 가능합니다. 하나는 원래 아날로그 형태인 메시지를 디지털로 변환하여 모든 메시지를 디지털로 통합시켜 디지털통신을 하는 것입니다. 다른 하나는 이와 반대로 원래 디지털 형태인 메시지들을 아날로그로 변환하여 모든 메시지를 아날로그로 통합시켜 아날로그통신을 하는 것입니다. 두 가지 방법 중 어느 것이 유리할까요? 앞에서 본 여러 장점들로 인해 디지털통신을 하는 것이 더 합리적입니다. 그러므로 멀티미디어 통신에서도 디지털통신이 상대적인 장점을 가집니다.

여섯째, 디지털통신을 하기 위해서는 디지털 신호를 처리할 수 있는 디지털회로가 필요합니다. 이 디지털회로는 아날로그 신호를 처리하는 아날로그회로에 비해 경제성이나 신뢰성 면에서 월등히 우세합니다. 이러한 하드

웨어 면에서도 디지털회로를 이용한 디지털통신이 유리합니다.

아날로그 신호를 디지털 신호로 변환하면 전송대역폭이 증가하는데, 이는 디지털통신의 장점으로도 볼 수 있고 단점으로도 볼 수 있는 특성입니다. 통신이론상 전송대역폭이 증가하면 왜곡 현상에 취약해집니다. 더 넓어진 전송대역폭을 가진 신호를 기존과 동일한 대역폭을 가진 채널을 통해 보내면 당연히 그 신호는 더 많이 변형될 것입니다. 이처럼 왜곡의 관점에서 보면 디지털통신은 상대적인 단점을 가집니다. 그런 반면 전송대역폭의 증가는 잡음에 대한 면역성을 증가시킵니다. 예를 들면 우리나라 라디오방송 중 AM방송은 하나의 채널이 9kHz의 대역폭을 사용합니다. 그러나 FM방송은 동일한 오디오 메시지를 위해 200kHz를 사용합니다. 무려 20배가 넘습니다. FM의 음질이 AM보다 훨씬 좋은 것은 이 때문입니다. 같은 원리로 아날로그 신호를 디지털로 변화하여 전송대역폭이 증가하면 잡음이 줄어드는 효과가 있습니다. 이처럼 전송대역폭의 증가는 왜곡 면에서는 단점이, 잡음 면에서는 장점이 됩니다.

그러면 디지털통신의 상대적 장점에 따른 대가, 즉 디지털통신의 단점으로는 어떤 것이 있을까요? 그것은 바로 동기(synchronization)입니다. 앞으로 살펴보겠지만 디지털통신에서는 반드시 동기가 필요합니다. 그것도 한 번만 하면 되는 것이 아니라 계층적으로 계속해야 합니다. 반면에 아날로그통신에서는 동기를 하지 않는 비동기 통신도 가능하며, 대부분 동기 회로에 대한 부담 때문에 성능 저하를 감수하더라도 동기를 하지 않습니다. 그러나 디지털통신에서는 설사 성능 저하를 받아들인다 하더라도 동기를 하지 않을 수 없습니다. 동기를 얼마나 엄격하게 하느냐 아니면 좀 느슨하게 하느냐의 차이는 있을 수 있지만, 동기가 전혀 없는 디지털통신은 불가능합니다.

지금까지 디지털통신의 정의와 특성을 살펴보았습니다. 이어서 아날로그-디지털 변환, 기저대역 전송, 디지털 변복조 등에 대해 살펴보겠습니다.

제1부

# 어떻게 아날로그 메시지를 디지털로 변환하는가? (아날로그-디지털 변환)

제2장

# 표본화

앞에서 멀티미디어 통신을 하기 위해서는 원래 아날로그 형태의 메시지의 경우 먼저 디지털 형태로 변형시켜야 한다고 했습니다. 대표적인 아날로그 메시지는 바로 음성입니다. 지금은 상대적으로 그 중요성이 많이 줄었지만 여전히 통신에서 음성은 매우 중요한 정보전달 수단입니다. 멀티미디어 환경에서 음성을 전송하기 위해서는 먼저 아날로그 메시지를 디지털로 변환하여야 합니다. 신호와 마찬가지로 아날로그 메시지는 시간과 진폭에서 연속적입니다. 반면에 디지털 메시지는 시간과 진폭에서 이산적입니다. 그러므로 아날로그-디지털 변환을 위해서는 이론적으로 반드시 두 가지 과정을 거쳐야 합니다. 시간상 연속적인 것을 이산적으로 바꾸는 과정인 표본화(sampling)와 진폭 면에서 연속적인 것을 이산적으로 바꾸는 과정인 양자화(quantization)입니다. 우선 표본화에 대해 알아보겠습니다.

## 1. 표본화 정리

표본화에 대해 처음부터 끝까지 모든 것을 알려 주는 정리가 바로 표본화 정리(sampling theorem)입니다. 다음과 같습니다.

> 표본화 정리:
> $B$[Hz]로 대역이 제한된 아날로그 신호는 초당 $2B$개 이상의 표본으로 표본화된 신호로부터 완벽하게 재생할 수 있다.

우선 아날로그 신호와 그에 해당하는 표본화 신호는 다음 그림과 같습니다.

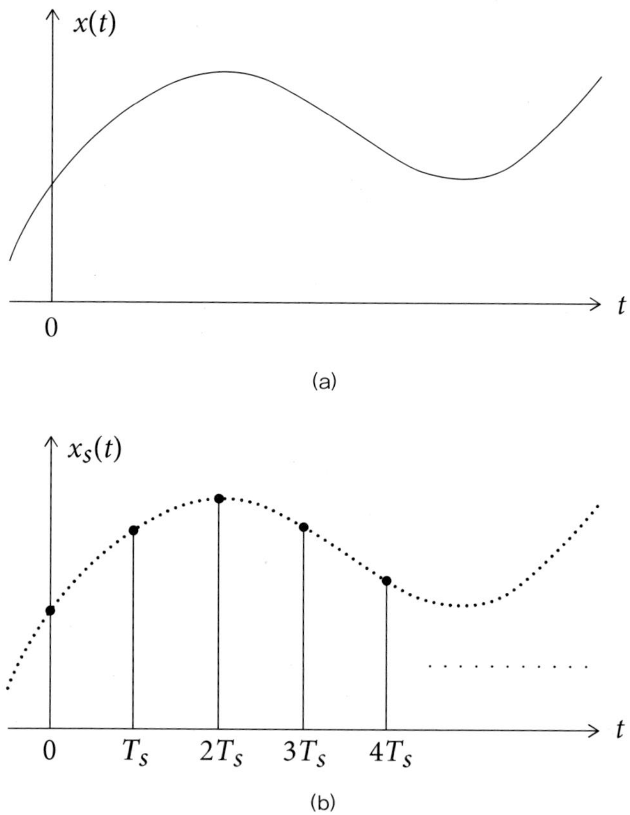


**그림 2.1** 아날로그 신호와 표본화 신호
(a) 아날로그 신호 (b) 표본화 신호

여기서 $T_s$는 표본화 간격(sampling interval)이고 그 단위는 초(sec)입니다. 그리고 그 역수 $f_s = 1/T_s$는 단위 시간당 표본 수로서 표본화율(sampling rate) 혹은 표본화 주파수(sampling frequency)라 합니다. 단위는 samples/sec 또는 Hz입니다. 여기서 주파수는 공학적으로 쓴 주파수의 개념과는 다른 의미이며 Hz 역시 다른 의미입니다. 여기에서의 주파수는 일반적인 용어에 더 가깝습니다. 표본화 주파수를 의미하는 영어인 sampling frequency에서 frequency는 그 대상이 자주 일어나거나 발생하는 정도에 대한 용어로, 번역하자면 빈도입니다. 즉 표본화 주파수는 단위 시간 동안 얼마나 많은 표본을 취하는지의 정도를 나타냅니다. 따라서 의미로 보면 표본화율이 더 적합하고 단위도 samples/sec가 더 적합합니다. 그러나 편리하다는 이유로 표본화율보다는 표본화 주파수가 더 많이 사용되고 단위도 Hz를 사용합니다. 처음에는 좀 혼동될 수도 있지만, 기존의 주파수 단위와 표본화 주파수 단위인 Hz를 잘 분간하기 바랍니다.

그럼 표본화 정리의 증명을 시도해 보겠습니다. 증명은 시간 영역보다 주파수 영역에서 쉽게 할 수 있습니다. 우선 아날로그 신호인 $x(t)$와 표본화 신호인 $x_s(t)$의 관계는 다음과 같이 표현할 수 있습니다.

$$x_s(t) = \sum_{n=-\infty}^{\infty} x(t)\delta(t-nT_s) = \sum_{n=-\infty}^{\infty} x(nT_s)\delta(t-nT_s) \quad (2.1)$$

위 식을 푸리에 변환하면 주파수 영역에서 두 신호의 관계를 얻을 수 있습니다.

$$X_s(f) = f_s \sum_{n=-\infty}^{\infty} X(f-nf_s) \quad (2.2)$$

여기서 $X(f)$는 $x(t)$의 푸리에 변환으로 그 관계는 다음과 같습니다.

$$X(f) = \int_{-\infty}^{\infty} x(t)e^{-j2\pi ft}\,dt \tag{2.3}$$

$$x(t) = \int_{-\infty}^{\infty} X(f)e^{j2\pi ft}\,df \tag{2.4}$$

주파수 영역에서 아날로그 신호 $X(f)$와 표본화 신호 $X_s(f)$의 관계는 그림 2.2와 같습니다.

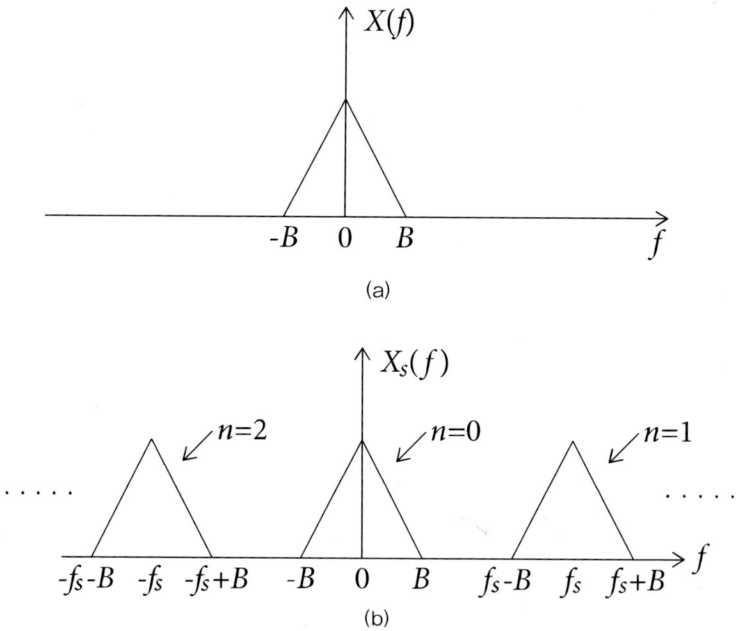


**그림 2.2** 주파수 영역에서 아날로그 신호와 표본화 신호
(a) 아날로그 신호 (b) 표본화 신호

표본화 신호 $X_s(f)$에서 원래의 아날로그 신호 $X(f)$를 재생하려면 저역통과필터(low pass filter: LPF)를 이용하여 $n=0$에 해당하는 신호만 추출하면 된다는 것을 알 수 있습니다. 그러기 위해서는 위 그림에서 $f_s - B > B$의 조건을 만족해야 합니다. 이론적으로 이상적인(ideal) 필터를 사용한다면 $f_s - B = B$인 경우도 가능합니다. 즉 이론적으로 다음과 같은 조건을 만족하면 표본화 신호로부터 아날로그 신호를 재생할 수 있습니다.

$$f_s \geq 2B \tag{2.5}$$

따라서 최소 표본화 주파수는 $2B$[Hz]가 되며 이를 나이키스트율(Nyquist rate)이라고도 합니다. 반면에 최대 표본화 간격은 $1/2B$[sec]이며 이를 나이키스트간격(Nyquist interval)이라고도 합니다.

이 표본화 정리에는 3개의 핵심 단어 혹은 파라미터가 있습니다.

첫째는 대역 제한입니다. 이는 표본화의 대상이 되는 아날로그 신호에 대한 것입니다. 즉 아무 아날로그 신호나 모두 표본화 대상이 될 수 없고, 반드시 $B$[Hz]로 대역이 제한되어야 합니다. 여기서 말하는 $B$[Hz]의 대역폭은 일반적으로 아날로그 신호에 사용하는 3dB 대역폭이 아닙니다. 3dB 대역폭이란 최대 전력의 1/2이 되는 지점까지의 주파수범위를 뜻합니다. 따라서 그 대역폭 밖에도 신호 성분이 있습니다. 그러나 표본화 정리에서 말하는 $B$[Hz]의 대역폭은 절대적인 대역폭입니다. 즉 $B$[Hz] 이상에서는 전혀 신호 성분이 없어야 한다는 뜻으로, 식으로는 다음과 같습니다.

$$X(f) = 0, \qquad |f| > B \tag{2.6}$$

둘째는 $2B$[Hz] 이상의 표본화 주파수입니다. 바로 조건입니다. 표본화 주파수가 $2B$[Hz] 이하이면 표본화 정리가 성립하지 않습니다. 이렇게 $B$[Hz]로 대역 제한된 아날로그 신호를 대상으로 $2B$[Hz] 이상의 표본화 주파수를 만족할 때 성립되는 셋째 핵심 단어가 완벽한 재생입니다. 바로 표본화의 결과입니다. 특히 중요한 단어는 '완벽'입니다. 표본화 신호는 원 아날로그 신호의 모든 정보를 전혀 손상 없이 그대로 가지고 있다는 뜻입니다. 이것이 표본화 정리의 중요성을 보여 줍니다.

## 2. 표본화 정리의 중요성

그럼 지금부터 표본화 정리가 왜 그렇게 중요한가에 대해 알아보겠습니다. 우선 표본화 정리는 우리의 상식을 뒤엎는 정리입니다. 우리가 어떤 데이터에서 표본을 취하면 반드시 표본오차가 발생합니다. 이 오차는 표본을 취하면 취할수록 줄어들지만, 표본을 취하기를 포기하고 모든 데이터를 다 처리하지 않는 한 오차 발생을 피할 수는 없습니다. 그래서 같은 수의 표본에 대해 표본오차를 줄이려는 연구가 지금도 계속 진행되고 있습니다. 반면에 표본화 정리에 의하면 설사 표본을 취하더라도 정보의 손실이 전혀 없습니다. 표본을 취하면 반드시 오차가 발생한다는 우리의 상식과 달리 표본화오차가 전혀 없다는 뜻입니다. 그리고 앞에서 본 바와 같이 이런 사실은 수학적으로 완벽히 증명됩니다. 역사적으로도 당시의 상식에 반하는 이론이나 주장이 사실로 밝혀지면 세상이 새롭게 바뀌는 계기가 됩니다. 잘 알려진 지동설이 대표적인 예입니다. 표본화 정리도 마찬가지입니다. 만약 표본을 취해도 정보의 손실이 전혀 없다면 여러분은 전체 데이터를 모두 다 처리하겠습니까? 아니면 그중 일부인 표본만을 처리하겠습니까?

데이터를 전송할 때는 전송시간을 줄일 수 있고 저장할 때는 저장 장소 (memory space)의 크기를 줄일 수 있으므로 표본만 처리하는 것이 당연히 더 효율적이고 합리적입니다.

또 다른 면을 한번 보겠습니다. 앞의 그림 2.1(b)에서 표본화 신호는 ......, 0, $T_s$, $2T_s$, $3T_s$,......에서 원 아날로그 신호의 크기인 ..., $x(0)$, $x(T_s)$, $x(2T_s)$, $x(3T_s)$,...만 알고 있습니다. 그 사이의 크기에 대해서는 전혀 아는 것이 없습니다. 그러나 원 아날로그 신호는 그 사이가 반드시 연결되어 있습니다. 그렇다면 우선 $x(0)$와 $x(T_s)$의 두 점을 연결하는 선은 모두 몇 개가 가능할까요? $\infty$ 입니다. 이어서 $x(T_s)$와 $x(2T_s)$를 연결할 수 있는 경우의 수도 역시 $\infty$ 입니다. 이것이 $t=-\infty$ 에서 $t=+\infty$ 까지 이어집니다. 그러므로 표본화 신호에서 각 표본을 연결하여 만들 수 있는 가능한 아날로그 신호의 수는 $\infty^{\infty}$ 입니다. 그중에 원래 아날로그 신호는 딱 하나입니다. 그 무한대의 가능한 아날로그 신호에서 단 하나의 아날로그 신호를 찾아낸다는 것은 확률적으로도 0입니다. 그러나 표본화 정리는 그것이 가능하기만 한 것이 아니라 반드시 된다는 것입니다.

이렇게 완벽하게 증명된 표본화 정리는 당시 아날로그통신의 시대가 디지털통신의 시대로 바뀌는 도화선이 됩니다. 그 후 발전에 발전을 거듭하여 지금과 같은 디지털시대가 됩니다.

### 3. 현실적인 고려사항

그러나 이렇게 이론적으로 완벽한 표본화 정리에도 현실적인 고려사항들이 있습니다.

먼저 식 (2.5)에서와 같이 $f_s \geq 2B$가 아니라 $f_s > 2B$라야 합니다.

$f_s = 2B$도 포함하기 위해서는 반드시 이상적인 저역 통과 필터(ideal LPF)를 사용해야만 표본화 신호에서 원 아날로그 신호를 얻을 수 있습니다. 이상적이라는 단어에서 보듯이 이 필터는 이론적으로만 가능하고 현실적으로는 불가능합니다. 따라서 현실적인 표본화 주파수는 $f_s > 2B$를 만족해야 합니다. 그러나 이는 현실적으로 그리 큰 고려사항은 아닙니다.

이론적으로 모든 제한된 범위의 시간에서만 존재하는 신호는 주파수에서는 무한대의 범위를 가집니다. 4각 펄스(square pulse)가 대표적인 예입니다. 반대도 성립합니다. 제한된 범위의 주파수에서만 존재하는 신호는 시간상에서 무한대의 범위에 나타납니다. 이상적으로 저역 통과된 신호가 대표적인 예입니다. 그런데 우리가 접하는 모든 실제 신호는 모두 시간에서 제한된 범위를 가집니다. 무한대라는 것은 당연히 이론적으로만 가능한 수이지 실제 우리가 다룰 수 있는 수가 아닙니다. 따라서 모든 실제 신호는 논리적으로 무한대의 대역폭을 가집니다. 실제로는 무한대가 아니라도 공학적으로 근사화(approximation)할 수 있는 대역폭은 증가합니다. 따라서 이 경우 표본화 주파수가 표본화 정리를 만족하지 못할 수 있습니다. 이 경우 그림 2.3과 같은 주파수 성분의 중첩현상이 일어납니다. 이를 에일리어싱(aliasing) 효과라 합니다. 즉 아날로그 신호의 대역폭이 너무 넓거나 표본화 주파수가 충분하지 못해서 발생하는 주파수의 중첩현상입니다. 이러한 에일리어싱이 생기는 경우에는 표본화 신호에서 원 아날로그 신호를 재생하는 것이 불가능합니다.

그럼 에일리어싱이 나타나지 않으려면 어떻게 해야 할까요? $f_s < 2B$이면 에일리어싱이 발생합니다. 부등호의 방향을 바꾸어 $f_s > 2B$가 되면 표본화 정리를 만족하여 에일리어싱을 피할 수 있습니다. 이를 위해서는

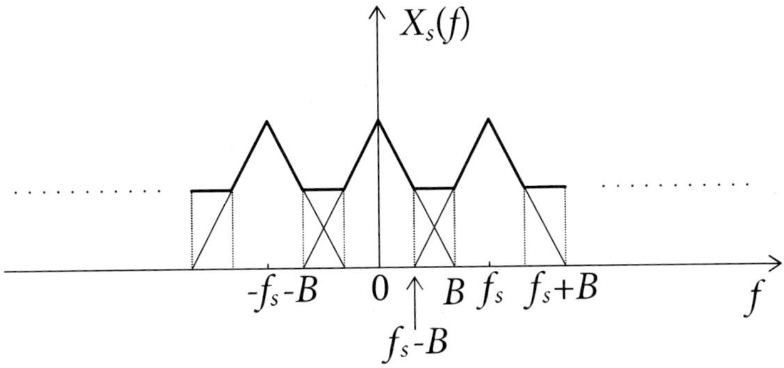


**그림 2.3** 에일리어싱

표본화 주파수 $f_s$를 충분히 증가시키면 됩니다. 그러나 이 방법은 이론적으로는 전혀 문제가 없지만 현실적으로는 좀 문제가 있습니다. 표본화 주파수를 증가시키면 스위칭속도도 증가합니다. 그러면 시스템의 온도도 따라서 증가합니다. 이는 통신 시스템에서 가장 문제가 되는 열잡음의 증가를 초래합니다. 그래서 가능하면 스위칭속도를 줄이는 것이 좋고, 따라서 현실적으로 보면 표본화 주파수를 증가시키지 않는 것이 좋습니다. $f_s$를 증가시키지 않고 표본화 정리를 만족시키는 다른 대안은 아날로그 신호의 대역폭 $B$를 줄이는 것입니다. 즉 저역 통과필터를 이용하여 표본화하기 전에 미리 아날로그 신호의 고주파 성분을 제거합니다. 이 필터를 안티 에일리어싱(anti-aliasing) 필터라 합니다. 이 안티 에일리어싱 필터를 통과한 신호는 원 아날로그 신호가 아닌 왜곡된 신호입니다. 현실적인 대안을 찾다 보니 근본적으로 통신에서 필히 피하거나 없애야 하는 왜곡을 고의적으로 용인하는 것입니다. 따라서 이 방법은 이론적으로는 모순을 포함하고 있지만 현실적으로는 사용 가능합니다. 공학은 이론이 아니라 현실이고, 이론적으로는 문제가 있더라도 현실적으로 받아들일 수 있다면 수용 가능한 대안이 됩니다. 반대도 마찬가지입니다. 이론적으로는 완벽하더라도 현실적으로 받아들이기 곤란하면 공학적으로는 바람직한 대안이 되지 못합니다. 앞으로도 이렇게 모순되는 경우가 자주 나올 것인데, 항상 공학은 이론이 아니라 현실이라는 사실을 명심하기 바랍니다. 결론적으로 표본화 주파수를 증가시키는 것보다는 안티 에일리어싱 필터를 이용하여 아날로그 신호의 대역폭을 줄이는 것이 더 현실적일 수 있습니다.

다음으로 고려해야 할 사항은 식 (2.1)에서 보듯이 아날로그 신호 $x(t)$에서 표본화된 신호 $x_s(t)$를 얻기 위해서는 임펄스 신호 $\delta(t)$가 필요하다는 점입니다. 이 식 (2.1)에서 $\sum_{n=-\infty}^{\infty} \delta(t-nT_s)$는 $T_s$의 주기(period)를 가지는 임펄스 주기 신호입니다. 따라서 이 표본화를 임펄스표본화(impulse sampling) 혹은 이상적인 표본화(ideal sampling)라 합니다. 앞선 표본화 정리의 증명에서 보았듯이 이 임펄스표본화는 이론적으로 완벽합니다. 그러나 이상적이라는 단어가 암시하듯 이 임펄스표본화는 현실적으로 실현이 불가능합니다. 시간상에서 임펄스의 폭이 0이기 때문입니다. 실제로는 폭을 줄일 수는 있지만 0으로 만들 수는 없습니다. 따라서 일정한 폭 $\tau$를 가지는 펄스(pulse)를 사용하여야 합니다. 펄스를 사용한 표본화는 펄스의 모양에 따라 다음과 같은 방식들이 있을 수 있습니다.

우선 펄스폭 동안 펄스의 모양이 원 아날로그 신호를 그대로 따르는 것입니다. 이는 자연적 표본화(natural sampling)라 합니다. 반면에 펄스폭 동안 펄스의 모양이 변하지 않고 일정한 크기를 가지는 것은 평탄 표본화(flat-top sampling)라 합니다. 한번 표본화된 신호의 크기가 변하지 않고 다음 표본까지 지속될 수도 있습니다. 이는 표본화 유지(sample-and-hold)라 합니다. 그림 2.4를 참조 바랍니다. 또 관심이 있으면 다른 참고서적을 이용하여 주파수 스펙트럼을 포함한 각 방식들의 상대적인 장점과 문제점들을 비교 분석해 보기 바랍니다.

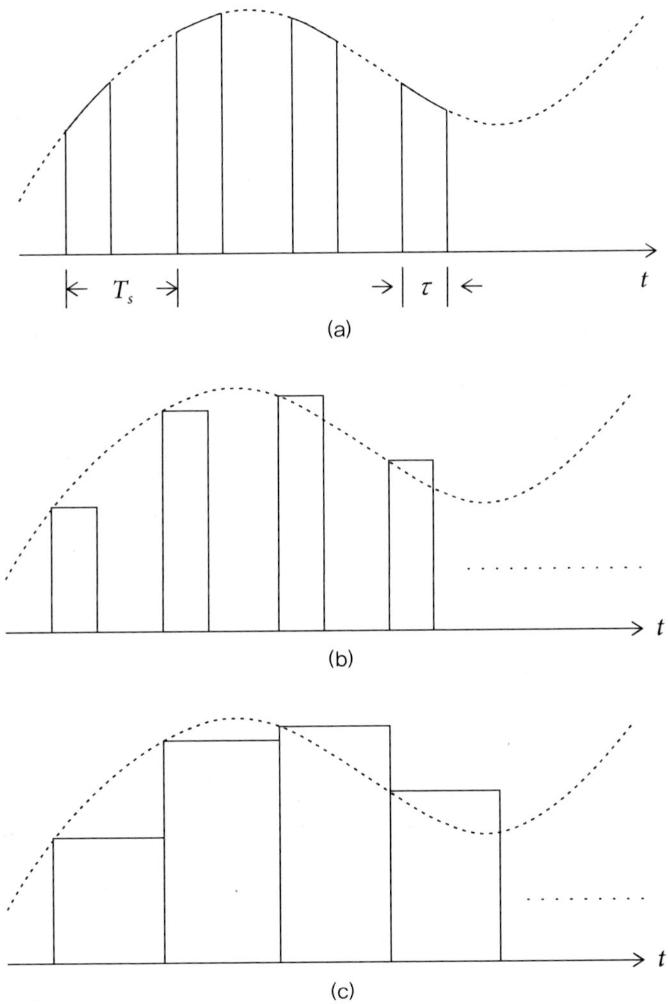


**그림 2.4** 펄스를 이용한 표본화
(a) 자연적 표본화 (b) 평탄 표본화 (c) 표본화 유지

### 4. 이론적인 최대 전송률

이 표본화를 다른 관점에서 한번 살펴보겠습니다. 아날로그 신호를 표본화하고 그 표본화된 신호에서 원 신호를 재생하는 과정을 이론적으로 표현하면 다음 그림과 같습니다.

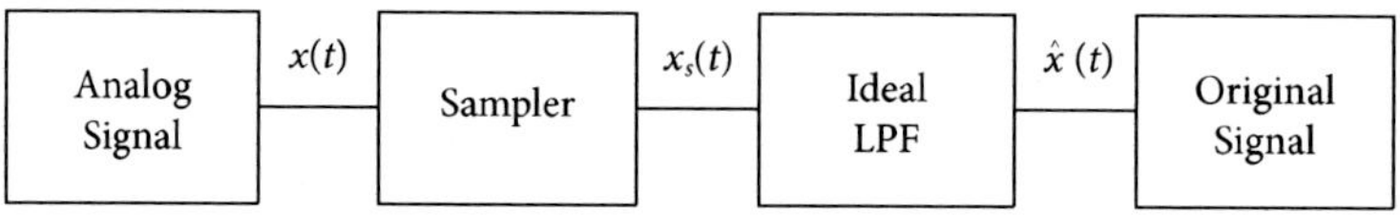


**그림 2.5** 표본화 개념도

먼저 아날로그 신호의 대역폭은 $B$[Hz]입니다. 표본화 주파수는 이론적으로 최소인 $2B$[Hz] 혹은 $2B$[samples/sec]입니다. 그리고 이상적인 저역통과필터의 대역폭도 $B$[Hz]입니다. 그러면 이론적으로 표본화 정리를 만족하므로 필터의 출력 $\hat{x}(t)$는 정확히 원 아날로그 신호 $x(t)$가 됩니다. 그럼 다른 관점으로 표본화기는 송신기로 보고 저역 통과필터는 시스템이므로 채널로 봅니다. 따라서 표본화기의 출력이자 필터의 입력인 $x_s(t)$은 송신 신호이며 필터의 출력 $\hat{x}(t)$은 수신 신호입니다. 필터의 출력과 아날로그 신호는 정확히 일치하므로 당연히 각 표본시점에서의 수신 신호에 해당하는 $\hat{x}(nT_s)$와 송신 신호에 해당하는 $x_s(nT_s)$는 동일한 값을 가집니다. 따라서 잡음이 없다고 가정하면 우리는 $B$[Hz]의 최소 대역폭을 가진 채널을 통해 초당 $2B$개의 표본 혹은 심벌을 전혀 오류 없이 전송할 수 있습니다. 여기서 표본은 그 크기가 연속적인 것, 심벌은 불연속적 혹은 이산적인 것을 뜻합니다. 불연속은 연속의 부분집합(subset)이므로 $2B$개의 표본을 오류 없이 전송할 수 있으면 $2B$개의 심벌도 오류 없이 전송할 수 있습니다.

따라서 이론적인 최대 전송률(transmission rate)은 1[Hz]당 2[symbols/sec]이 됩니다. 즉 2[(symbols/sec)/Hz]입니다. M진(M-ary) 심벌은 하나의 심벌이 $\log_2 M$비트에 해당합니다. 최대 전송률이 2[(symbols/sec)/Hz]이므로 이를 비트로 표현하면 $2\log_2 M$[bps/Hz]입니다. bps는 초당 비트 수(bits per second: bps)를 나타냅니다. 2진 신호는 M=2이므로 최대 전송률은 2[bps/Hz]입니다. 만약 4진(quaternary) 신호를 사용하면 M=4로서 최대 전송률은 4[bps/Hz]가 됩니다. 그러므로 4진 신호를 사용하면 2진 신호에 비해 같은 시간에 2배의 비트를 전송할 수 있습니다. 또한 동일한 수의 비트를 전송하는 경우 4진 신호는 2진 신호에 비해 단지 1/2에 해당하는 대역폭만 필요합니다.

### 5. 시분할 다중화

마지막으로 표본화된 신호의 다중화에 대해 알아보겠습니다. 표본화된 신호의 표본과 표본 사이에는 빈 시간이 있습니다. 그 빈 시간에 다른 신호의 표본들을 넣을 수 있습니다. 이를 시분할 다중화라고 합니다. 평탄 표본화한 두 신호를 시분할 다중화한 그림 2.6을 참조 바랍니다.

그림을 보면 표본화된 신호에서 각 표본이 발생하는 시점을 완벽하게 알고 있어야 그 표본화된 신호에서 원 신호를 재생할 수 있다는 것을 알 수 있습니다. 앞에서도 언급하였듯이 이렇게 디지털통신은 동기를 맞추는 것이 필수적입니다.

참고로 시간과 주파수 영역에서 주파수 분할 다중화는 그림 2.7과 같습니다.

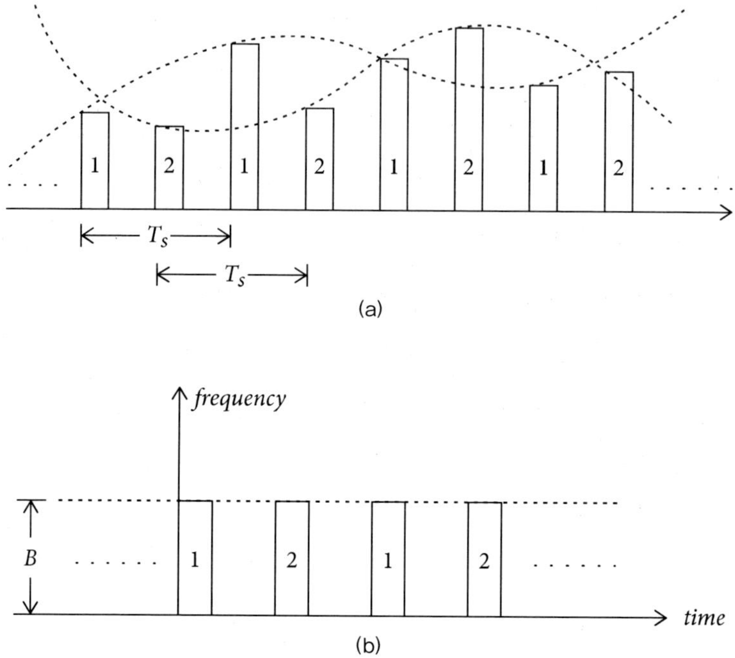


**그림 2.6** 시분할 다중화

(a) 시간 영역 (b) 시간과 주파수 영역

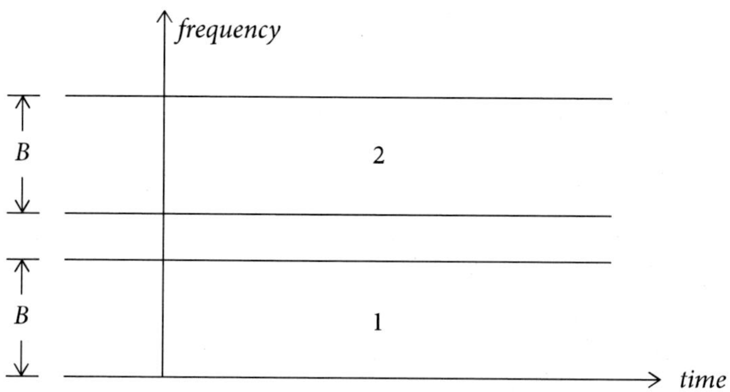


**그림 2.7** 주파수 분할 다중화

# 제3장

# 양자화

## 1. 양자화기 전달 특성

표본화를 하면 시간 영역에서 연속적인 신호가 이산적이 됩니다. 그러나 여전히 크기 혹은 진폭은 연속적입니다. 완전한 디지털 신호가 되기 위해서는 이 진폭도 이산적으로 변환시켜야 합니다. 이와 같이 연속적인 진폭을 이산적으로 바꾸는 과정이 양자화입니다. 양자화는 무한한(infinite) 경우의 값을 가질 수 있는 연속적인 신호를 유한한(finite) 경우의 값으로 근사화하는 것을 말합니다. 여기에서 핵심 단어는 '유한'입니다. 다시 말하면 만약 연속적인 진폭 값이 $x_i$와 $x_{i+1}$ 사이에 있으면 이 신호의 양자화 값은 $y_i$이며 $i=1,2,\cdots,L$입니다. 이때 $L$은 유한한 양자화 레벨의 수입니다.

아주 간단한 예를 들어 보겠습니다. 연속적인 진폭 값이 -2V에서 +2V 사이에 있고 이를 모두 4개의 레벨($L=4$)로 양자화합니다. 즉 첨두(peak) 전압 $A_p=2$V입니다. 연속적인 진폭의 범위가 $2A_p=4$V이고 이를 4개의 양자화 레벨로 표현할 때 하나의 레벨에 포함되는 범위는 1V가 합리적입니다. 그러므로 $x_1=-2$, $x_2=-1$, $x_3=0$, $x_4=1$, $x_5=2$입니다. 양자화 레벨은 각 구간의 중간 값으로 하는 것이 합리적이므로 $y_1=-1.5$,

$y_2 = -0.5$, $y_3 = 0.5$, $y_4 = 1.5$입니다. 이 양자화기의 입력과 출력 간의 관계인 전달 특성(transfer characteristic)은 다음 그림과 같습니다.

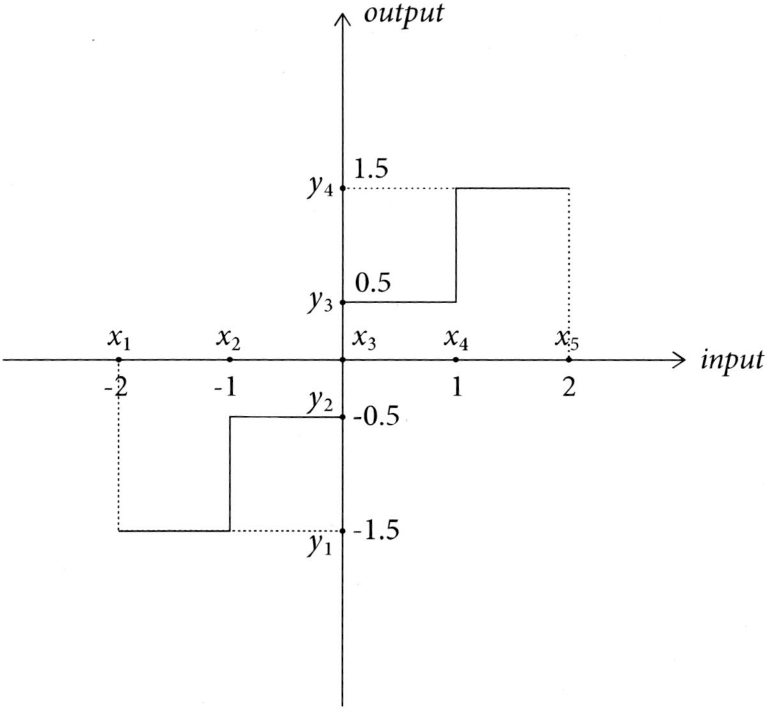


**그림 3.1** 양자화기의 전달 특성

이 전달 특성은 계단 함수(staircase function) 형태입니다. 이 예뿐만 아니라 모든 양자화기의 전달 특성은 계단 함수입니다. 따라서 양자화 레벨 간의 간격 $q = y_{i+1} - y_i$는 계단 크기(step size)라고도 합니다. 이 계단 크기는 양자화기의 특성을 나타내는 아주 중요한 파라미터입니다.

## 2. 양자화 오류

양자화에는 오류가 있습니다. 즉 양자화 오류 $e$는 양자화기 입력과 출력의 차이 $e = x - y_i$입니다. 예를 들어 양자화기 입력이 0.7V일 때 입력은 $x_3 = 0$과 $x_4 = 1$ 사이에 있으므로 출력이 $y_3 = 0.5$가 되고, 이때 양자화 오류는 $e = 0.2\text{V}$입니다. 그러면 이 양자화기의 최대 양자화 오류 $e_{\max}$는 0.5V가 됩니다. 이 최대 양자화 오류와 계단 크기, 첨두 전압의 관계는 다음과 같습니다.

$$q = \frac{2A_p}{L} \tag{3.1}$$

$$e_{\max} = \frac{q}{2} = \frac{A_p}{L} \tag{3.2}$$

그럼 이 양자화 오류를 어떻게 줄이거나 없앨 수 있을까요? 위 식에서 보면 계단 크기 $q$를 줄이거나 양자화 레벨 수 $L$을 늘리면 됩니다. 여기서 첨두 전압 $A_p$는 양자화기의 입력이므로 양자화기로 조정할 수 없는 파라미터입니다. 그러나 이 양자화 오류는 줄일 수는 있지만 완전히 없앨 수는 없습니다. 역시 위 식에서 $q_{\max} = 0$이 되기 위해서는 $q = 0$이거나 $L = \infty$가 되어야 합니다. 이렇게 되면 양자화기의 전달 특성은 더 이상 계단 함수가 되지 않고 직선이 되는데, 이는 양자화를 하지 않았음을 의미합니다. 다시 말해 양자화를 하였다면 반드시 양자화 오류가 있습니다. 반면에 표본화의 경우에는 이론적으로 표본화 정리만 만족하면 아무 오류 없이 표본화가 가능하였음을 기억하기 바랍니다.

### 3. 평균 신호 전력 대 양자화 잡음비

양자화 오류를 좀 더 수학적으로 분석해 보겠습니다. 우선 양자화의 평균 제곱 오차(mean square quantization error) 혹은 양자화 오류의 분산(variance)입니다. 양자화기의 입력 $x$와 출력 $y_i$는 확률변수이므로 양자화 오류 $e$도 확률변수입니다. 이 양자화 오류 $e$의 확률 밀도 함수(probability density function: pdf) $p(e)$가 균일(uniform)하다고 가정하겠습니다. 최대 양자화 오류가 $q/2$이므로 $p(e)$는 $[-q/2, q/2]$의 범위에서 $1/q$의 값을 가집니다.

$$p(e)=\begin{cases}\dfrac{1}{q}, & |q|<\dfrac{q}{2}\\ 0, & |q|>\dfrac{q}{2}\end{cases} \tag{3.3}$$

공학은 현실이므로 가정을 도입할 때는 반드시 그 가정이 현실에 적합한지를 검증하여야 합니다. 설사 문제를 단순히 하기 위해 도입하는 가정이라도 그 현실성에 문제가 있다면 공학적으로는 의미가 없습니다. 그럼 양자화 오류가 균일 확률밀도를 가진다는 가정을 살펴보겠습니다. 우선 우리가 관심을 가지는 신호들의 확률 밀도 함수는 전혀 균일하지 않습니다. 따라서 양자화 오류도 이론적으로는 균일하지 않습니다. 그러나 만약에 양자화 레벨 수가 충분히 많은 경우에는 계단 크기가 매우 작아져서 그 사이, 즉 $[-q/2, q/2]$에서는 균일한 것으로 근사화가 가능합니다. 앞서 공학은 현실이라고 했는데 덧붙여 공학은 근사화의 예술(art of approximation)이기도 합니다. 똑같은 규격의 제품이라도 어느 정도의 정확도로 근사화되었나에 따라 그 가치가 달라지는 것이 그 예입니다. 따라서 양자화 오류가 균일 확률 밀도 함수를 가진다는 것은 공학적으로 의미 있는 가정이라 할 수 있습니다. 그러면 양자화 오류의 분산 $\sigma^2$은 다음과 같이 구할 수 있습니다.

$$\sigma^2 = \int_{-\infty}^{\infty} e^2 p(e) de = \frac{q^2}{12} \tag{3.4}$$

시간 영역에서의 제곱평균($\overline{f^2(t)}$)으로 정의되는 전력은 확률적으로만 정의되는 랜덤 신호에는 의미가 없습니다. 랜덤 신호는 수학적으로 확률과정으로 표현되며 이 경우 전력은 확률적 제곱평균값인 분산으로 볼 수 있습니다. 이러한 확률과정을 에르고딕 과정(ergodic process)이라 합니다. 그러면 평균 양자화잡음 전력 $N_q$은 다음과 같이 구할 수 있습니다.

$$N_q = \overline{e^2(t)} \iff \sigma^2 = \frac{q^2}{12} = \frac{A_p^2}{3L^2} \tag{3.5}$$

그리고 평균 신호 전력 $S$는 다음과 같습니다.

$$S = \overline{x^2(t)} \tag{3.6}$$

그러므로 평균 신호 전력 대 양자화잡음 전력의 비는 다음과 같이 구해집니다.

$$\left(\frac{S}{N_q}\right) = \frac{\overline{x^2(t)}}{\overline{e^2(t)}} \iff \frac{\overline{x^2(t)}}{\sigma^2} = \frac{3L^2}{A_p^2}\overline{x^2(t)} \tag{3.7}$$

만약 양자화된 레벨을 2진 심벌, 즉 비트로 표현한다면 필요한 비트 수 $l$과 양자화 레벨 수 $L$은 다음과 같습니다.

$$l = \log_2 L \ \text{ or } \ L = 2^l \tag{3.8}$$

따라서 신호 대 잡음비를 비트 수의 함수로 나타낼 수 있습니다.

$$\left(\frac{S}{N_q}\right) = \frac{3L^2}{A_p^2}\overline{x^2(t)} = c_1 L^2 = c_1 2^{2l} \tag{3.9}$$

$$\left(\frac{S}{N_q}\right)[\text{dB}] = 10\log_{10} c_1 + 20l\log_{10}2 = c_2 + 6.02l \tag{3.10}$$

여기서

$$c_1 = \frac{3}{A_p^2}\overline{x^2(t)} \tag{3.11}$$

$$c_2 = 10\log_{10} c_1 \tag{3.12}$$

이며 이들은 양자화기와는 관계가 없는 상수(constant)들입니다.

식 (3.9)에서 신호 대 잡음비는 1비트가 추가되면 약 6dB이 증가함을 알 수 있습니다. 따라서 비트 수가 증가함에 따라 얻을 수 있는 성능개선의 효과를 예측할 수 있습니다.

## 4. 부호화

이렇게 표본화와 양자화 과정을 거치면 시간과 진폭 모두 연속적인 신호가 이산적으로 바뀌므로 이론적으로는 아날로그-디지털 변환이 완료됩니다. 변환된 디지털 신호를 그대로 전송 혹은 저장하면 됩니다. 그러나 현실적으로는 그렇게까지 할 필요가 없습니다. 다시 말해 양자화 레벨 값을 그대로 이용하지 않아도 좋습니다. 양자화 레벨의 수는 제한되어 있으며 이들을 분간할 수 있는 심벌만 이용하여도 충분하기 때문입니다. 이 심벌을 통신에서는 부호(code)라 합니다. 다음의 표 3.1을 참조 바랍니다. 예를 들어 -1.5V의 정확한 양자화 레벨 값을 그대로 전송 또는 저장할 필요가 없습니다. 가능한 양자화 레벨 수가 4가지뿐이므로 이들을 분간할 수 있는 심벌만으로도 충분합니다. 첫 번째 예로 만약 알파벳 부호를 사용한다면 -1.5V의 경우 A를 전송합니다. 이 경우 수신 측에서 A를 받으면 A가 아니라 -1.5V로 판단합니다. 다른 알파벳 부호도 마찬가지입니다. D를 수신하면 +1.5V로 판단하면 됩니다. 10진 부호의 경우도 마찬가지입니다.

[표 3.1] 여러 가지 부호들의 예

| amplitude range[V] | quantized level[V] | alphabet code | decimal code | binary code |
|---|---|---|---|---|
| -2 ~ -1 | -1.5 | A | 0 | 00 |
| -1 ~ 0 | -0.5 | B | 1 | 01 |
| 0 ~ +1 | +0.5 | C | 2 | 10 |
| +1 ~ +2 | +1.5 | D | 3 | 11 |

그러면 현실적으로, 즉 공학적으로 가장 유리한 부호는 무엇일까요? 바로 2진 부호입니다. 0과 1 두 가지 기호만 사용하기 때문입니다. 4가지 양자화 레벨 값을 분간하기 위해서는 표에서와 같이 2개의 비트가 필요합니다.

그러나 이 부호는 단지 기호에 지나지 않습니다. 전송과 저장을 위해서는 시간에 따라 변하는 전기량인 신호로 만들어야 합니다. 2진 부호의 경우 0과 1밖에 없기 때문에 0에는 펄스가 없고 1에는 펄스가 있는 가장 간단한 방식을 사용할 수 있습니다. 다음 그림과 같습니다.

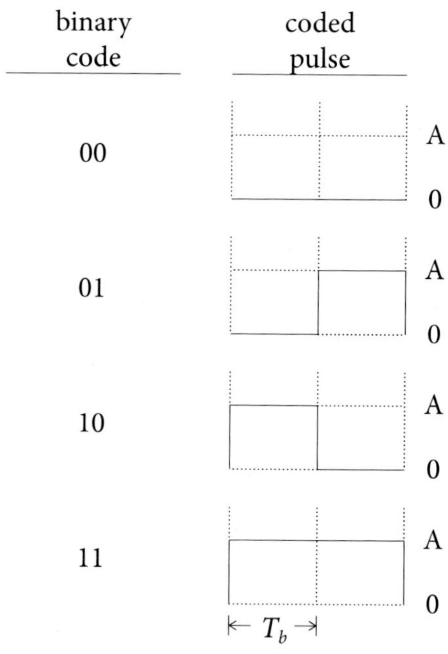


**그림 3.2** 부호화된 펄스

## 5. 펄스부호변조

그러므로 공학적으로는 표본화와 양자화 과정에 덧붙여 부호화(encoding)를 함으로써 가장 간단한 아날로그-디지털 변환을 합니다. 아래 그림과 같습니다. 전술한 바와 같이 이론적으로는 표본화기와 양자화기만 있으면 충분하지만 현실적으로는 부호화기를 포함함으로써 가장 기본적인 아날로그-디지털 변환 시스템이 됩니다. 이를 펄스부호변조(pulse code modulation: PCM)라고 합니다.

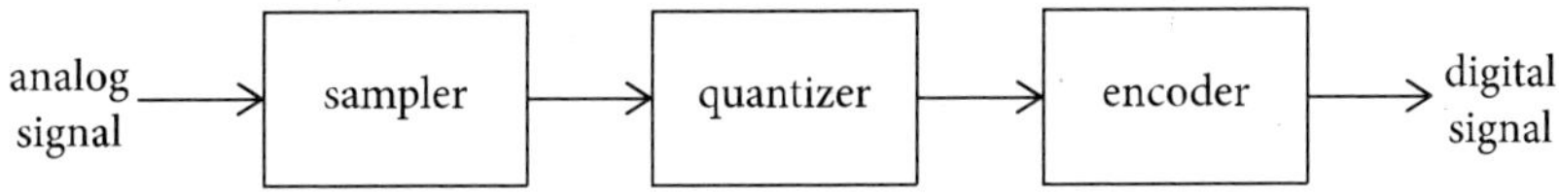


**그림 3.3** 펄스부호변조 시스템

PCM에 '변조'라는 단어가 들어 있지만 이는 잘못된 것입니다. PCM이 처음 나왔을 때만 해도 원 아날로그 신호와 PCM 신호의 주파수 스펙트럼이 다르기 때문에 이를 변조로 보았습니다. 그러나 아날로그통신에서 변조를 한 이유와 똑같은 이유로 이 PCM 신호도 변조를 합니다. 이를 디지털 변조라 합니다. 그러므로 이 PCM 신호는 변조된 신호가 아닙니다. 이렇게 변조하지 않은 신호를 기저대역(baseband) 신호라 합니다. 공학을 하는 사람들은 역사적으로 매우 보수적입니다. 설사 나중에 잘못이라고 밝혀져도 그것이 별 문제가 없으면 그대로 사용하는 경우가 많습니다. 그러므로 PCM 신호는 변조라는 단어가 사용되지만 변조된 신호가 아닌 기저대역 신호임을 유의 바랍니다.

4비트 양자화한 펄스부호변조 시스템 송수신부의 각 부분 파형과 레벨의 예가 그림 3.4와 3.5에 있습니다.

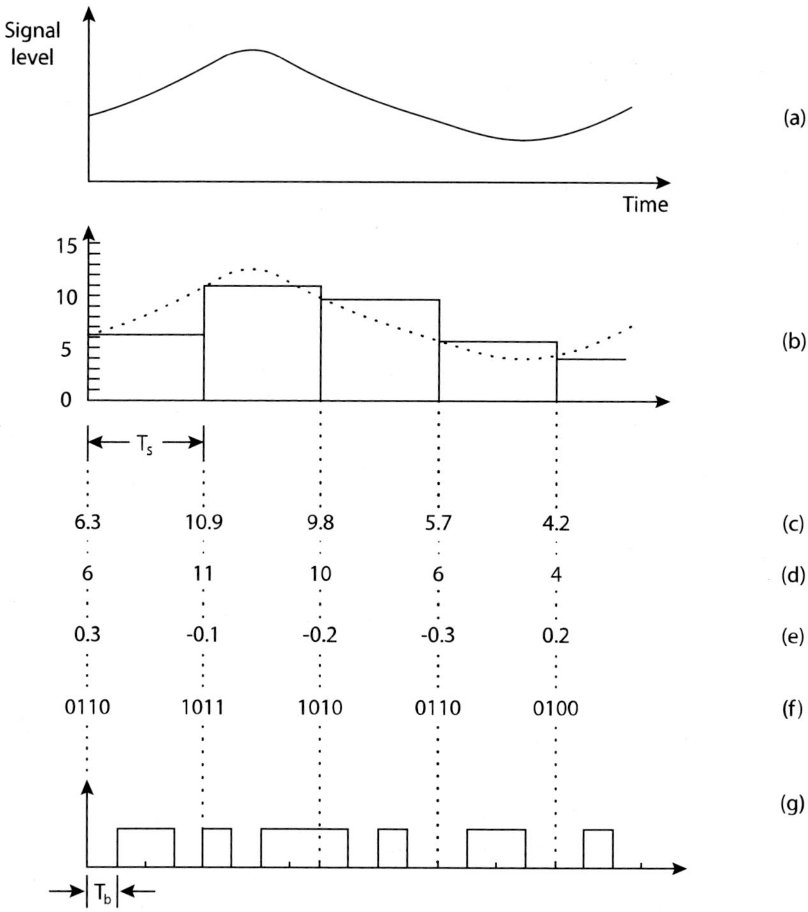


**그림 3.4** 펄스부호변조 시스템 송신부

(a) 아날로그 신호 (b) 표본화 신호($T_s$: 표본화 간격) (c) 표본화레벨 (d) 양자화 레벨
(e) 양자화 오류 (f) 부호어출력 (g) 송신 PCM 신호($T_b$: 비트 간격)

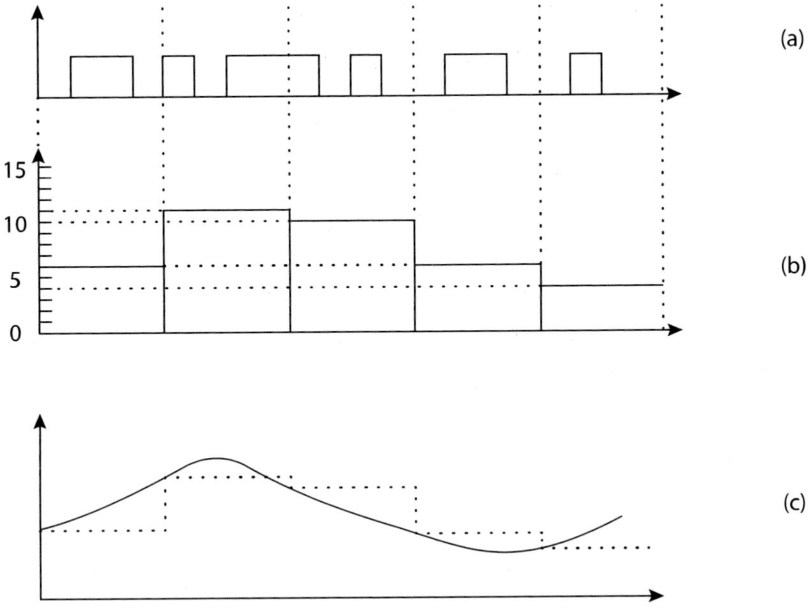


**그림 3.5** 펄스부호변조 시스템 수신부
(a) 수신 PCM 신호 (b) 재생 표본화 신호 (c) 재생 아날로그 신호

## 6. 음성 신호의 특성과 비균일 양자화

지금은 상대적으로 데이터에 비해 그 중요도가 감소하였지만 여전히 음성 신호는 디지털화하여야 할 중요한 아날로그 신호입니다. 양자화의 관점에서 음성 신호의 두 가지 특성을 알아보겠습니다.

첫째로 음성 신호는 진폭이 작을 확률이 매우 높습니다. 실제 매우 빨리 말하는 사람들도 음절과 음절 사이에 소리가 나지 않는 시간이 많습니다. 바로 묵음구간입니다. 따라서 진폭이 0일 확률이 엄청나게 높습니다. 수학적으로도 무한대로 모델링될 수 있습니다. 그러면 양자화의 관점에서 이 특성은 다음과 같이 응용할 수 있습니다. 즉, 동일한 계단 크기를 사용하지 않고 진폭이 작을수록 작은 계단 크기를 이용하면 양자화 오류를 줄일 수 있습니다. 지금까지 당연한 것으로 생각했고 또 상식적이었던 '모든 계단 크기는 동일하다.'는 기존 관념을 완전히 바꾼 것입니다. 이는 비선형(nonlinear) 양자화에 해당합니다.

둘째로 음성 신호의 전력은 말하는 사람에 따라 그 차이가 매우 심합니다. 이는 한 사람이 조용히 말하는 경우와 고함치는 경우의 차이가 아닙니다. 평소처럼 이야기하는 경우, 즉 항상 조용조용 이야기하는 사람과 평소 매우 큰 목소리로 이야기하는 사람의 음성 신호 전력의 차이입니다. 실험적으로 구해 보면 그 차이가 30dB을 넘어 무려 40dB까지 됩니다. 그러나 음성 신호를 전달하는 전화는 목소리의 크기가 아니라 원하는 메시지를 정확하게 전달하는 것이 중요합니다. 따라서 너무 작은 소리는 크게 만들고 반면에 너무 큰 소리는 작게 만들면 더 정확한 메시지 전달이 가능할 것입니다. 이를 비선형 증폭이라 합니다.

이처럼 서로 다른 비선형 양자화와 비선형 증폭의 두 가지 효과를 동시에 거둘 수 있는 방법이 바로 비균일(nonuniform) 양자화입니다. 여기서 비균일이란 비선형과 마찬가지로 경우에 따라 서로 다른 계단 크기를 사용한다는 뜻입니다. 참고로 경우에 관계없이 항상 동일한 계단 크기를 사용하는 기존의 양자화는 균일(uniform) 양자화라 합니다. 그러면 비균일 양자화를 할 수 있는 방법에 대해 알아보겠습니다.

## 7. 압신

디지털로 구현하는 방안 등 여러 가지 구현방안들이 있을 수 있지만 그중 한 방안이 바로 압신(companding)입니다. 압신은 원래 있는 단어가 아니고 압축(compressing)과 신장(expanding)을 합쳐서 만든 단어입니다. 이 압신은 실제 양자화에는 좀 더 구현이 용이한 균일 양자화기를 사용하면서 비균일 양자화의 효과를 얻는 것이 핵심입니다. 즉 아날로그 신호를 압축하고 그 압축된 신호를 균일 양자화합니다. 그 균일 양자화기의 출력이 다시 신장기를 통과하면 최종 출력은 원 아날로그 신호가 비균일 양자화된 신호가 됩니다. 압신과정은 다음 그림과 같습니다.

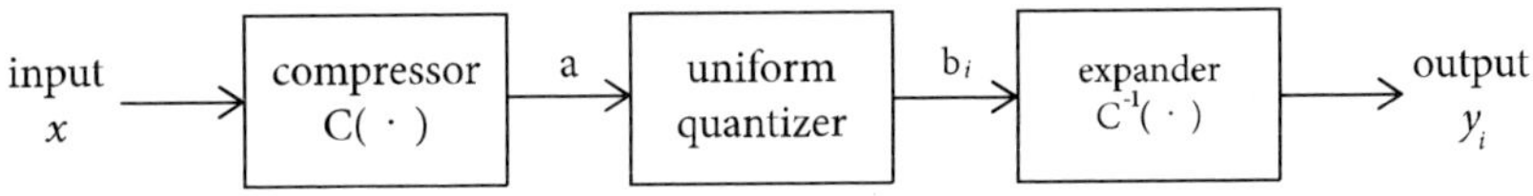


**그림 3.6** 압신에 의한 비균일 양자화

우선 압축특성 $C(\bullet)$의 특성 곡선은 그림 3.7과 같습니다.

압축기의 입력은 아날로그 신호 $x$로 가로축입니다. 그리고 출력은 압축된 신호 $a = C(x)$이며 이는 균일 양자화기의 입력입니다. 입출력곡선에서 증폭률은 그 곡선의 기울기로 표현됩니다. 따라서 앞선 비선형 증폭의 조건에 따라 진폭의 기울이가 0 근처에서는 1보다 크고 첨두 진폭(peak amplitude)에 해당하는 $A_p$ 근처에서는 1보다 작아야 합니다. 그리고 당연히 $x(0) = a(0)$과 $x(A_p) = a(A_p)$의 조건도 만족하여야 합니다. 따라서 $x > 0$의 범위에서 그림과 같이 위로 볼록한(convex up) 모양이 됩니다. 그리고 $x < 0$에서는 똑같은 모양의 곡선이 방향만 반대인 0을 기준으로 반대칭(antisymmetric) 형태가 됩니다. 균일 양자화기의 입력이 $a$이므로 그 간격인 $a_{i+1} - a_i$는 $i$에 관계없이 일정합니다. 그러나 각 $a_i$에 1 대 1로 대응하는 $x_i$는 그 간격 $x_{i+1} - x_i$가 $i$에 따라 다릅니다. 작은 진폭범위에 있는 $x_4 - x_3$와 $x_3 - x_2$가

큰 진폭범위에 있는 $x_5 - x_4$와 $x_2 - x_1$보다 작습니다. 따라서 균일 양자화기의 입력에서 비균일 양자화의 효과를 얻을 수 있습니다.

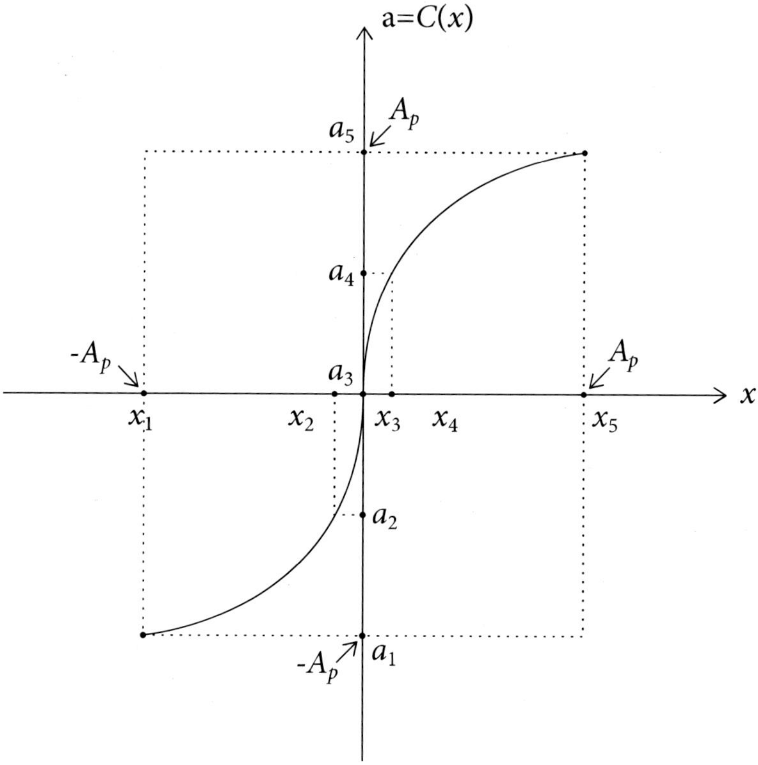


**그림 3.7** 압축특성 곡선

신장기의 특성은 압축특성의 역입니다. 즉 $1/C(x) = C^{-1}(x)$입니다. 따라서 압축기와 신장기의 전달 특성을 곱하면 1이 됩니다. 신장기의 특성 곡선은 다음과 같습니다.

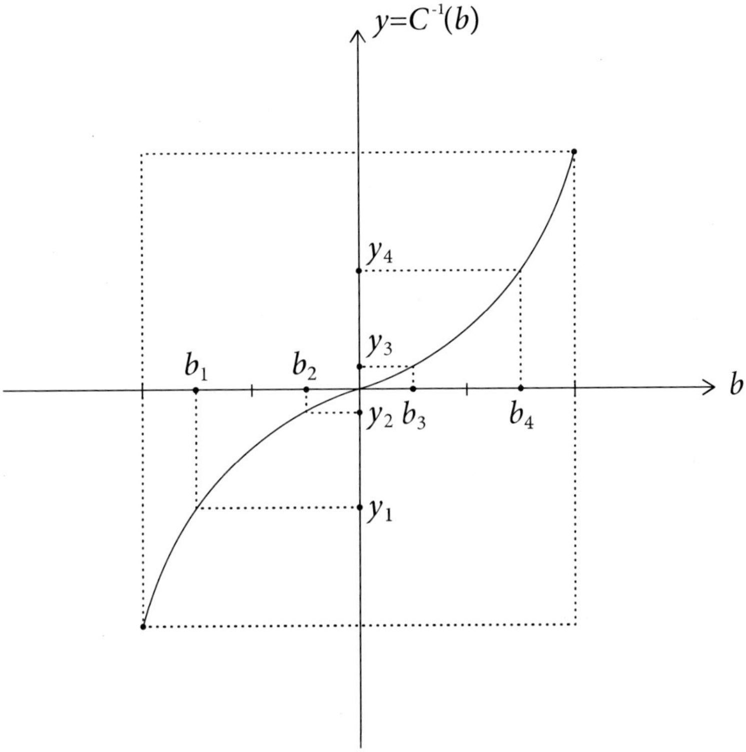


**그림 3.8** 신장특성 곡선

신장기 $C^{-1}(b)$의 입력이 균일 양자화기의 출력인 $b$이므로 그림과 같이 $b > 0$의 범위에서 아래로 볼록한(convex down) 모양이 됩니다. 그리고 $b$는 균일 양자화기의 출력이므로 그 간격 $b_{i+1} - b_i$는 $i$에 관계없이 일정함을 알 수 있습니다. 그러나 신장기의 출력이자 최종 출력 사이의 간격 $y_{i+1} - y_i$는 $i$에 따라 다름을 알 수 있습니다. 역시 진폭이 0 근처에 있는 $y_3 - y_2$가 큰 진폭범위에 있는 $y_4 - y_3$나 $y_2 - y_1$보다 작습니다. 압신을 이용한 전체 비균일 양자화기의 입력은 $x$이고 출력은 $y_i$입니다. 따라서 위 압축과 신장특성 곡선에서 입력 $x$가 $x_i$와 $x_{i+1}$ 사이에 있으면 출력은 $y_i$가 된다는 양자화기의 입출력관계를 확인해 보기 바랍니다. 앞에서와 같이 $i = 1, 2, \cdots, L$입니다. 우리가 원한 비선형 양자화와 증폭의 효과를 동시에 얻을 수 있는 비균일 양자화가 얻어짐을 알 수 있습니다.

### 8. 로그 압축

그럼 음성 신호에 적합한 위로 볼록한 압축특성은 구체적으로 어떤 함수가 될까요? 본 책의 범위를 벗어나지만 수학적으로 근사화와 점근(asymptotic) 특성 등을 통해 구해 보면 로그 함수(logarithmic function)가 됩니다. 그래서 로그 압축(logarithmic compression)이라 합니다. 그러나 로그 함수 $\log x$는 원점인 $x = 0$를 통과하지 않습니다. 이 문제를 해결하기 위해 전화에서 사용하는 로그 압축에는 두 가지 표준이 있습니다.

먼저 북미표준인 $\mu$-law입니다. $x > 0$의 범위에서 다음과 같이 표현됩니다.

$$C(x) = \frac{\ln\left(1 + \mu \dfrac{x}{A_p}\right)}{\ln(1+\mu)}, \qquad 0 \le \frac{x}{A_p} \le 1 \tag{3.13}$$

여기서 $\mu$는 압축정도를 나타내는 상수입니다. $\mu$가 클수록 더 많이 압축됩니다. 원점인 $x = 0$을 통과하기 위하여 $\ln x$를 그대로 왼쪽으로 이동시켰습니다. $\mu = 0$인 경우는 압축을 하지 않은 것입니다. 즉, 균일 양자화입니다. 그리고 $\mu = 255$를 전화용 표준으로 사용합니다.

다음은 국제표준인 $A$-law입니다.

$$C(x) = \begin{cases} \dfrac{A\left(\dfrac{x}{A_p}\right)}{1+\ln A}, & 0 \le \dfrac{x}{A_p} \le \dfrac{1}{A} \\ \dfrac{1+\ln A\left(\dfrac{x}{A_p}\right)}{1+\ln A}, & \dfrac{1}{A} \le \dfrac{x}{A_p} \le 1 \end{cases} \tag{3.14}$$

여기서도 $A$는 압축정도를 나타내는 상수이며 $A = 87.6$이 표준입니다. 이 $A$-law는 $\mu$-law와는 달리 $0 \le x \le A_p/A$ 범위에서는 직선으로, 나머지 범위에서는 로그 곡선으로 구현한 것입니다. 압축을 하지 않고 균일양자화를 하면 $A = 1$입니다.

### 9. 실제 오디오 아날로그-디지털 변환 예

그러면 실제 오디오 신호의 아날로그-디지털 변환 시스템에 사용되는 규격을 알아보겠습니다.

먼저 앞에서도 언급하였던 음성 신호에 대한 디지털 전화를 보면, 음성 신호의 대역폭은 3.3~3.4kHz입니다. 그 이상의 주파수는 안티 에일리어싱 필터에 의해 제거합니다. 그래서 같은 사람이라 하여도 원 음성과 전화 속 음성이 다른 것을 경험상으로 알 수 있습니다. 그러면 이론적인 최소 표본화 주파수는 6.8kHz입니다. 그러나 현실적으로는 여유를 주어 8kHz를 표준으로 합니다. 그리고 양자화 레벨 수는 256레벨을 사용합니다. 즉 8비트입니다. 따라서 비트율은 64kbps입니다.

또 다른 오디오 시스템은 콤팩트디스크(compact disc: CD)입니다. CD는 전화기와는 전혀 다른 용도와 규격을 가집니다. 전화는 음성을 전송하지만 CD는 음악을 저장합니다. 그리고 전화는 음성을 이용한 완벽한 메시지전송을 목표로 하지만 CD는 원음의 충실한 재생을 목표로 합니다. 그러므로 CD에서는 가청주파수범위인 20kHz까지를 원음의 대역폭으로 사용합니다. 따라서 이론적으로 40kHz 이상의 표본화 주파수가 필요한데, 이 역시 현실적으로는 좀 더 여유를 줘서 44.1kHz로 표준화되어 있습니다. 양자화에서도 오류를 최소화하기 위하여 16비트를 사용합니다. 65,536레벨입니다. 전화에 비해 매우 많은 레벨을 사용함을 알 수 있습니다. 또한 CD는 표본화와 양자화에 그치지 않고 더욱더 충실한 원음의 재생을 위하여 막강한 오류정정기법을 응용합니다.

제4장

# 차동 펄스부호변조 및 델타변조

## 1. 디지털 전화 신호의 다중화

좀 더 진보된 아날로그-디지털 변환 시스템을 보기 전에 앞서 살펴본 디지털 전화의 다중화 시스템을 알아보겠습니다.

가장 기본적인 다중화 시스템은 벨 연구소에서 개발한 T1 캐리어(carrier) 시스템으로 모두 24채널의 전화 신호로 구성되어 있습니다. 하나의 음성 신호를 보내기 위해서는 64kbps가 필요합니다. 그러면 T1 시스템의 비트율은 24×64kbps=1.536Mbps일까요? 그렇지 않습니다. 그 이유를 알아보겠습니다. 이를 위해서는 프레임(frame)이라는 새로운 개념이 필요합니다. 프레임은 24개의 전화채널에서 각각 1개의 표본을 포함하는 구간입니다. 1개의 표본은 8비트로 양자화되므로 첫 채널의 첫 표본에서 8비트가 나옵니다. 그리고 둘째 채널의 첫 표본에서도 8비트가 나옵니다. 이렇게 하여 24번째 채널까지 모든 채널의 첫 표본에서 8비트가 만들어집니다. 그럼 24개의 모든 채널에서 첫 표본에서 발생되는 비트 수는 24×8=192비트입니다. 여기에다 프레임 동기를 위하여 1비트를 추가합니다. 이를 프레임마커(frame marker)라 합니다. 그러므로 프레임당 총 비트 수는 193비트입니다.

192비트가 아님을 유의 바랍니다. 그리고 초당 프레임 수는 한 프레임이 하나의 표본에 해당하므로 초당 표본 수, 즉 표본화 주파수로 8kHz에 해당합니다. 따라서 T1의 비트율은 193[bits/frame]×8k[frames/sec]로 1.544 Mbps가 됩니다. 1.536Mbps가 아닌 이유는 바로 프레임 동기를 위해 추가한 프레임마커 때문입니다. 역시 디지털통신에서는 동기가 필수적임을 알 수 있습니다.

그리고 이 디지털 전화의 다중화는 계층적으로 되어 있습니다. 이 T1시스템 4개를 다중화하여 T2시스템이 되고 그 비트율은 6.312Mbps입니다. 1.544Mbps×4=6.176Mbps가 아닙니다. 같은 이유로 7개의 T2시스템을 다중화한 T2시스템은 44.736Mbps이며, 다시 6개의 T3시스템을 다중화한 T4시스템은 274.176Mbps입니다.

## 2. 차동 펄스부호변조

표본화 정리에서 표본화 주파수에는 하한(lower limit)만 있지 상한(upper limit)은 없습니다. 따라서 표본화 주파수를 원하는 만큼 충분히 증가시킬 수 있습니다. 표본화 주파수가 증가하면 증가할수록 인접 표본과의 독립성(independency)은 사라지고 의존성(dependency)이 증가합니다. 이 경우 펄스부호변조에서와 같이 현재의 표본을 그대로 양자화하지 않고 현재의 표본과 그 예측 값의 차이, 즉 예측오차를 양자화하면 양자화하여야 할 신호의 범위가 아주 작아집니다. 예측을 잘하면 잘할수록 예측오차를 더욱 줄일 수 있고 그만큼 양자화되는 신호의 범위도 줄일 수 있습니다. 그러면 동일한 양자화 레벨 수나 비트 수에서도 계단 크기를 줄일 수 있으므로 양자화잡음도 줄일 수 있습니다. 정리하면 주어진 비트율에서 신호 대 양자화 잡음비를 증가시킬 수 있습니다. 역으로 신호 대 잡음비가 주어지면 비트율 혹은 전송 대역폭을 줄일 수 있습니다. 이렇게 현재 표본과 예측치 사이의 예측오차를 양자화하는 시스템을 차동 펄스부호변조(differential pulse code modulation: DPCM)라 합니다. 다음 그림과 같습니다.

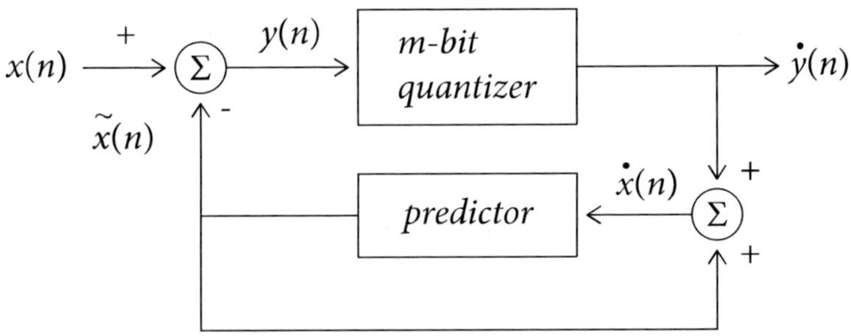


(a)

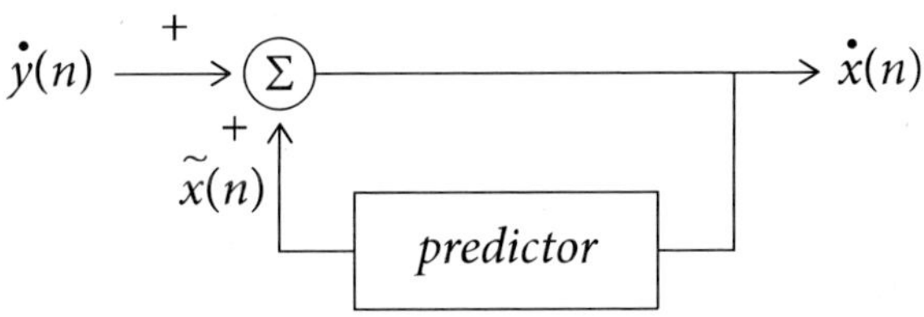


(b)

**그림 4.1** 차동 펄스부호변조

(a) 부호기 (b) 복호기

위 그림에서 부호기의 입력 $x(n)$은 $n$번째 표본입니다. 그리고 그 예측치가 $\tilde{x}(n)$입니다. 예측오차는 $y(n)=x(n)-\tilde{x}(n)$으로 $m$비트로 양자화됩니다. 그러므로 다음의 관계도 성립합니다.

$$\tilde{x}(n)=x(n)-y(n) \tag{4.1}$$

양자화된 $y(n)$, 즉 $\dot{y}(n)$은 다음 식으로 표현할 수 있습니다.

$$\dot{y}(n) = y(n) + e(n) \tag{4.2}$$

여기서 $e(n)$은 양자화 오류입니다.

$\dot{x}(n)$은 양자화된 $x(n)$으로 다음 관계가 성립합니다.

$$\begin{aligned}\dot{x}(n) &= \tilde{x}(n) + \dot{y}(n) \\ &= x(n) - y(n) + y(n) + e(n) \\ &= x(n) + e(n)\end{aligned} \tag{4.3}$$

만약 예측기의 탭(tap) 수가 $N$개이면 그 입력과 출력의 관계는 다음과 같습니다.

$$\begin{aligned}\tilde{x}(n) &= a_1\dot{x}(n-1) + a_2\dot{x}(n-2) + \cdots + a_N\dot{x}(n-N) \\ &= \sum_{i=1}^{N} a_i\dot{x}(n-i)\end{aligned} \tag{4.4}$$

복호기의 출력은 $\dot{x}(n)$이 되어 바로 부호기 입력이며 표본화된 신호 $x(n)$을 양자화한 신호입니다. 그러므로 이를 저역 통과필터에 통과하면 원래 아날로그 신호를 재생할 수 있습니다.

여기서 $a_i$는 탭 계수(tap coefficient)로 상수입니다. 이 탭 계수를 잘 정하면 예측오차를 줄일 수 있습니다. 이러한 $N$탭 예측기($N$-tap predictor)는 현재 표본의 예측치를 이전의 $N$개 표본에서 구합니다. 따라서 $N$을 크게 하면 할수록 예측오차를 더 줄일 수 있어서 더 정확한 예측이 가능합니다. 그러면 동일한 비트율에서 신호 대 양자화 잡음비를 더 줄일 수 있습니다. 혹은 동일한 신호 대 양자화 잡음비에서 비트율 혹은 전송대역폭을 줄일 수 있습니다. 그러나 충분히 예상할 수 있듯이 시스템은 더욱 복잡해집니다.

## 3. 델타변조

그렇다면 시스템을 좀 간단히 구현할 수는 없을까요? 최대로 간단한 시스템을 생각해 보겠습니다. 위 차동 펄스부호변조 시스템에는 두 개의 핵심 블록이 있습니다. 양자화기와 예측기입니다. 우선 가장 간단한 양자화기를 구합니다. 바로 양자화 비트 수가 가장 적은 1비트 양자화기입니다. 출력이 1비트이므로 이는 양자화기가 아닌 비교기(comparator)입니다. 문턱값과 비교하여 크면 1, 작으면 0을 출력합니다. 다음은 가장 간단한 예측기입니다. 바로 $N=1$인 1탭 예측기입니다. 바로 이전 1개의 표본만 이용하여 현재 표본을 예측합니다. 그러므로 $\tilde{x}(n) = a_1 \dot{x}(n-1)$입니다. 그러나 이 경우, 적절한 계산을 통해 $a_1$을 결정해야 합니다. 만약 그 계산조차 하지 않는다면 더욱 간단한 예측기를 얻을 수 있을 것입니다. 그래서 $a_1 = 1$을 사용합니다. 지금의 설계목표는 성능이 아니라 시스템의 간소화임을 유의 바랍니다. 즉, $\tilde{x}(n) = \dot{x}(n-1)$이 되어 바로 이전 표본이 그대로 현재 표본의 예측치입니다. 이러면 예측기는 그냥 표본화 간격 $T_s$에 해당하는 지연(delay)소자입니다. 이를 델타변조(delta modulation)라 하며 DM 혹은 $\Delta$M으로 줄여 쓰기도 합니다. DM 시스템은 다음 그림과 같습니다.

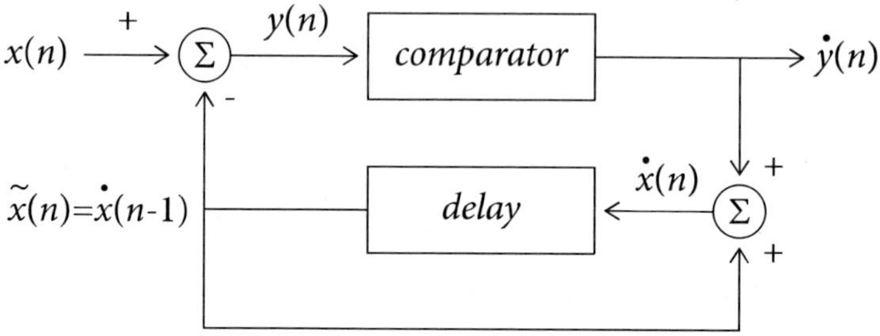


(a)

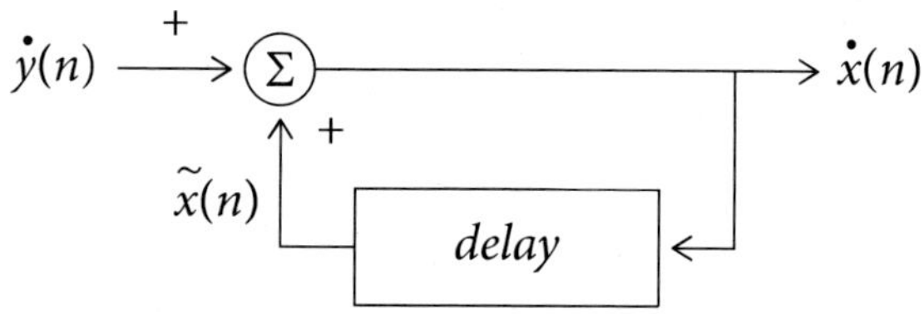


(b)

**그림 4.2** 델타변조
(a) 부호기 (b) 복호기

$x(n)$의 예측치 $\tilde{x}(n) = \dot{x}(n-1)$입니다. 그리고 예측오차는 $y(n) = x(n) - \tilde{x}(n)$입니다. 이 예측오차가 1비트 양자화기인 비교기의 입력으로 들어가서 그 출력 $\dot{y}(n)$이 부호기 전체의 출력이 되며 수신 측으로 전송됩니다. 그러면 다음과 같은 관계가 성립합니다.

$$\dot{x}(n) = \tilde{x}(n) + \dot{y}(n) = \dot{x}(n-1) + \dot{y}(n) \tag{4.5}$$

$$\dot{x}(n-1) = \dot{x}(n-2) + \dot{y}(n-1) \tag{4.6}$$

그러므로 다음 식을 얻을 수 있습니다.

$$\dot{x}(n) = \dot{x}(n-2) + \dot{y}(n) + \dot{y}(n-1) \tag{4.7}$$

같은 방식으로 계속하면 $\dot{x}(0)=0$라는 가정하에 다음 식을 얻게 됩니다.

$$\dot{x}(n)=\sum_{k=1}^{n}\dot{y}(k) \tag{4.8}$$

여기서 $\dot{y}(k)$는 부호기의 출력이자 복호기의 입력입니다. 그리고 $\dot{x}(n)$은 표본화 신호 $x(n)$를 양자화한 신호입니다. 이 $\dot{x}(n)$이 저역 통과필터를 통과하면 원래 아날로그 신호 $x(t)$의 추정치를 얻을 수 있습니다. 따라서 위 식을 보면 델타변조의 복호기는 단지 수신된 비트들을 계속해서 더하는 누산기(accumulator)임을 알 수 있습니다.

다음 그림은 아날로그 신호 $x(t)$와 양자화 신호이자 복호 신호인 $\dot{x}(t)$, 부호기의 출력이자 복호기의 입력 신호인 $\dot{y}(t)$와 그에 해당하는 부호화 비트 $\dot{y}(n)$ 사이의 관계를 나타내는 한 예입니다.

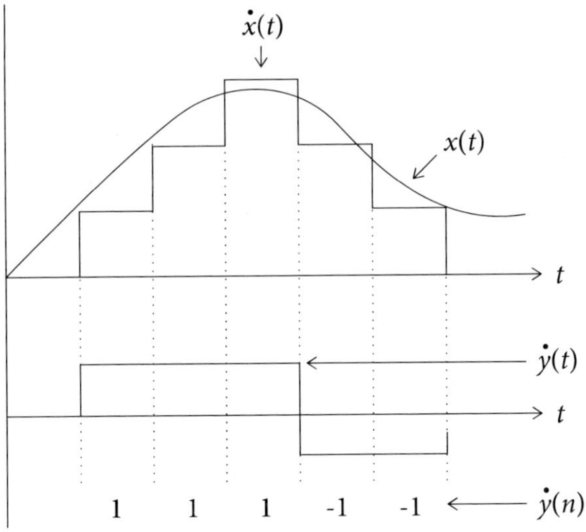


**그림 4.3** 델타변조의 예

### 4. 델타변조의 문제점과 적응 델타변조

비교기와 지연 소자만 있으면 아날로그 신호를 디지털 신호로 바꿀 수 있으므로 델타변조는 더 이상 간단할 수 없는 아주 매력 있는 시스템입니다. 그래서 처음 이 델타변조가 발표되었을 때는 선풍적인 관심을 받았습니다. 그러나 복잡도의 문제를 거의 완벽하게 해결했음에도 불구하고 성능 면에서는 몇 가지 문제점들이 나타났습니다.

먼저 초기응답(start-up response)입니다. 다음 그림과 같이 $t=0$에 $x(t)$의 값 $x(0)$가 매우 큰 값을 가지는 경우입니다.

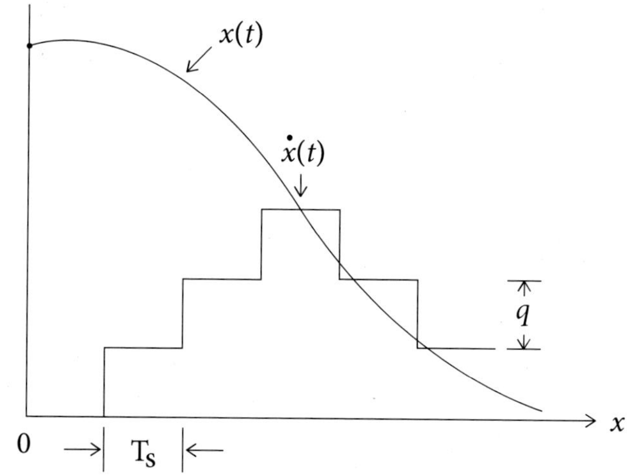


**그림 4.4** 초기응답

델타변조에서 계단 크기 $q$는 일정하고 하나의 표본에서 하나의 비트만 나오므로 상당한 기간 동안 $\dot{x}(t)$는 $x(t)$를 따라가지 못하고 큰 차이를 보입니다. 그러면 $\dot{x}(t)$를 필터에 통과시켜도 원 신호와는 다른 신호가 되어 왜곡이 발생합니다. 그러나 이 문제는 그렇게 심각한 것이 아닙니다. 통신 시스템은 원리적으로 항상 켜져 있는 것이므로 특정 시간에서의 응답은 별 의미가 없습니다. 물론 실제로는 켜고 끄고 하지만 꺼진 상태의 통신기는 이미 통신기의 기능을 상실한 상태라 통신기로 볼 수 없기 때문입니다.

다음으로는 아이들링 잡음(idling noise)입니다. 아날로그 신호의 변화가 거의 없는 경우로서 다음 그림과 같습니다.

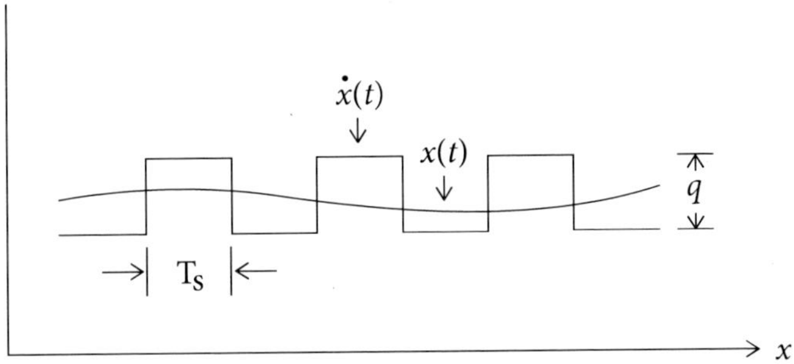


**그림 4.5** 아이들링 잡음

아날로그 신호 $x(t)$는 거의 변화가 없는 반면 $\dot{x}(t)$는 가장 빨리 변합니다. 역시 두 신호 사이에는 차이가 있습니다. 이 아이들링 잡음을 줄이기 위해서는 두 가지 방법을 생각할 수 있습니다. 우선 계단 크기 $q$를 줄입니다. 그림에서 $q$가 감소하면 두 신호들의 차이도 감소함을 볼 수 있습니다. 다음으로는 표본화 간격을 줄이고 필터를 사용하는 것입니다. 표본화 간격 $T_s$를 줄이면, 혹은 표본화 주파수 $f_s$를 늘리면 $\dot{x}(t)$의 주파수 성분이 고주파로 집중됩니다. 필터를 통하여 이 고주파 성분을 제거하면 좀 더 쉽게 원 신호에 근접한 신호를 얻을 수 있습니다.

마지막으로 기울기 과부하 잡음(slope overload moise)입니다. 아이들링 잡음과는 반대로 신호가 급격히 변하는 경우로서 다음 그림과 같습니다.

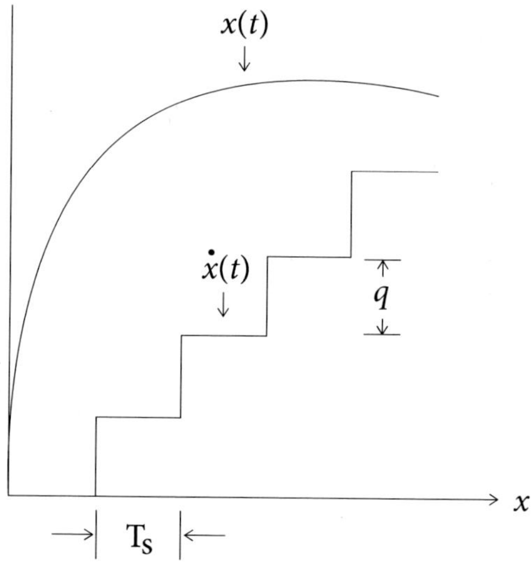


**그림 4.6** 기울기 과부하 잡음

초기응답과 비슷하지만 초기응답은 $x(0)$이 매우 큰 값을 가지는 경우이고 기울기 과부하는 $x(0)=0$이지만 짧은 시간에 급격히 신호가 증가하거나 감소하는 경우입니다. 그림과 같이 $x(t)$가 급격히 증가하면 $\dot{x}(t)$가 따라가지 못해 역시 왜곡이 생깁니다. 즉 $x(t)$의 기울기가 $\dot{x}(t)$의 최대 기울기보다 크면 기울기 과부하가 발생합니다.

그림에서 보면 $\dot{x}(t)$의 최대 기울기는 $q/T_s$, 혹은 $qf_s$입니다. 그리고 $x(t)$의 기울기는 $\frac{dx(t)}{dt}$입니다. 따라서 언제든지 다음과 같은 부등식이 성립하는 경우 기울기 과부하가 생깁니다.

$$\frac{dx(t)}{dt} > qf_s \tag{4.9}$$

그러므로 기울기 과부하를 피하려면 모든 시간에서 다음 부등식을 만족하여야 합니다.

$$\left|\frac{dx(t)}{dt}\right|_{\max} < qf_s \quad \forall\, t \tag{4.10}$$

이 부등식을 만족시키는 방법 또한 두 가지가 있습니다.

하나는 계단 크기 $q$를 크게 하는 것입니다. 그러나 $q$를 증가시키면 아이들링 잡음이 증가하여 서로 모순된 결과를 초래합니다. 다른 하나는 표본화 주파수 $f_s$를 증가시키는 것입니다. 표본화 주파수를 증가시키면 아이들링 잡음도 줄일 수 있으므로 이 방법은 이론적으로 매우 바람직합니다. 그러나 표본화에서도 살펴보았듯이 표본화 주파수를 증가시키는 것은 현실적으로 문제가 있습니다. 부언하면 표본화 주파수를 증가시키면 스위칭속도가 빨라지고 이어서 시스템의 온도가 상승합니다. 그러면 가장 대표적인 잡음인 열잡음이 증가합니다. 기울기 과부하를 피하려다 열잡음의 증가라는 더 큰 문제를 초래하는 것입니다.

표본화 주파수를 증가시키지 않고 아이들링 잡음과 기울기 과부하 잡음을 모두 피할 수 있는 방법이 있을까요? 바로 아이들링 잡음이 발생하는 경우에는 계단 크기를 줄이고 반대로 기울기 과부하가 생기는 경우에는 계단 크기를 키우는 방법, 즉 적응기법을 사용하면 해결할 수 있습니다. 이를 적응 델타변조(adaptive delta modulation: ADM)라 합니다. 그러면 언제 아이들링 잡음이 생기고 또 언제 기울기 과부하가 발생되는지를 어떻게 알 수 있을까요? 많은 아이디어가 있지만 아주 간단한 방법을 하나 소개하고 마치겠습니다. 0과 1이 계속 번갈아 나오는 경우(…010101010…)는 아이들링 잡음이 발생되고 있는 경우입니다. 그러면 계단 크기를 줄입니다. 그렇지 않고 0이나 1이 계속되는 경우(…11111111… 혹은 …00000000…)에는 기울기 과부하가 발생한 것으로 판단하여 계단 크기를 늘립니다.

제2부

# 어떻게 디지털 신호를 변조하지 않고 전송하는가? (기저대역 전송)

통신을 정보의 전달로 간단히 정의한다면 옆 사람과 대화를 나누는 것도 통신에 포함시킬 수 있습니다. 그러나 이는 사회과학적인 개념입니다. 공학적으로는 이를 통신공학에 포함시키지 않습니다. 공학에서는 주어진 조건에서 최적 해optimum solution를 찾아야 하는데 그런 해를 찾을 환경이 아니기 때문입니다. 그래서 아날로그통신에서는 변조modulation를 포함하여야만 공학적으로 의미가 있습니다. 대화의 경우 아주 짧은 거리에서 통신이 이루어지므로 변조가 필요 없습니다. 그러므로 최적화한 변조시스템을 고려할 수 없습니다. 그러나 장거리 통신을 위해서는 반드시 변조가 필요합니다. 우선 가장 쉬운 예로 멀리 떨어진 사람과 음성 통신을 하기 위해서는 목소리를 키우면 됩니다. 공학적으로 말하면 신호 전력을 증가시키는 것입니다. 그러나 여기에는 한계가 있어 도달할 수 있는 거리가 제한됩니다. 그럼 어떻게 신호 전력을 크게 키우지 않고도 장거리 통신을 할 수 있을까요? 음성 신호의 특성은 그 주파수가 매우 낮다는 것입니다. 이는 파장이 매우 길다는 뜻인데 전파 전파wave propagation의 특성상 파장이 길면 멀리 보내는 데 제한이 있습니다. 그러므로 파장을 짧게 하면 장거리 통신이 가능합니다. 즉 음성 신호의 주파수를 높이면 먼 곳에 있는 사람에게도 전달할 수 있습니다. 이와 같이 원 신호의 주파수를 고주파로 옮기는 것이 변조입니다. 결론적으로 아날로그 신호를 전송할 때 단거리 통신이면 변조가 필요 없지만, 장거리 통신을 하기 위해서는 변조가 필요합니다.

마찬가지로 펄스부호변조 신호와 같은 디지털 신호도 가까운 곳에 보내려면 변조가 필요 없지만 먼 곳까지 전달하려면 변조가 필요합니다. 아날로그통신과는 달리 디지털통신에서는 단거리 통신에도 공학적인 고려가 필요합니다. 대표적인 예가 근거리 통신망local area network: LAN입니다. 또한 디지털 신호의 저장과 재생도 포함됩니다. 이와 같이 변조를 하지 않고 디지털 신호를 전송하는 것을 기저대역 전송baseband transmission이라 합니다. 그리고 아날로그통신에서와 마찬가지로 장거리 통신을 위해서는 변조가 필요합니다. 이를 디지털 변조digital modulation라 합니다.

2부에서는 기저대역 전송에 대해 알아보고, 이어지는 3부에서 디지털 변조에 대해 알아 보겠습니다.

제5장

# 데이터 펄스 형태

예를 들어 2진 부호 0과 1 같은 디지털데이터를 표현하기 위해서는 서로 다른 두 개의 펄스 혹은 신호 파형이 필요합니다. 일반적으로 TTL이나 CMOS에서 사용하는 4각 펄스는 구현이나 처리의 편리성 때문에 채택되었습니다. 그러나 통신의 관점에서 보면 4각 펄스가 별로 효율적이지 않습니다. 어떤 데이터 펄스 형태(data pulse format)를 사용하는 것이 통신의 관점에서 효율적인지 알아보고, 가능한 몇 가지 펄스 형태들의 예를 비교분석해 보겠습니다.

## 1. 바람직한 특성

통신용 데이터 펄스의 바람직한 특성을 먼저 알아보겠습니다.

첫째, 대역폭 효율입니다. 일반적인 통신에서와 같이 데이터 펄스도 송신 신호입니다. 따라서 왜곡을 고려하면 당연히 그 대역폭이 좁은 것이 바람직합니다.

둘째, 전력 효율입니다. 잡음 여유도가 많을수록 좋다는 뜻입니다. 사용 가능한 전압범위는 전원 전압에 의해 제한됩니다. 그 사용가능한 동일 전압

범위에서 신호 레벨의 수가 증가하면 할수록 잡음 여유도가 줄어듭니다. 0~5V의 범위에서 두 레벨인 0V와 5V를 사용하면 잡음 여유도는 2.5V입니다. 그러나 어떤 이유에서든지 0V, 2.5V, 5V의 세 레벨을 사용하면 잡음 여유도는 1.25V로 줄어듭니다. 따라서 동일한 조건에서 가능한 레벨 수를 줄이는 것이 바람직합니다.

셋째, 데이터 펄스의 전력 스펙트럼에서 직류 성분은 완전히 없애고 저주파 성분은 가능한 억제하는 것이 좋습니다. 이유는 교류결합(AC coupling) 때문입니다. 직류는 시간에 따라 그 크기가 변하지 않고 일정하므로 정보가 전혀 없습니다. 어떤 이유에서든 만약 신호에 직류 성분이 포함되어 있을 경우 이 직류 성분은 정보가 없으므로 처리할 필요가 없습니다. 그래서 혹 신호에 직류 성분이 있을 경우 처리하기 전에 커패시터(capacitor)를 이용하여 직류 성분을 제거하는 것이 교류결합입니다. 트랜지스터 증폭기의 베이스 입력에 있는 커패시터가 좋은 예입니다. 그런데 이 커패시터와 이어지는 시스템의 입력 임피던스(impedance)가 결합하면 CR 고역통과필터(high-pass filter: HPF) 역할을 합니다. 즉 직류 성분은 전혀 통과시키지 못하고 저주파도 일부 통과시키지 못합니다. 따라서 만약 구현한 송신 펄스에 이런 직류와 저주파 성분이 있으면 교류결합 때문에 왜곡이 발생합니다. 그러므로 통신의 관점에선 송신 펄스에 직류는 전혀 없고 저주파는 가능한 억제되어 있는 것이 바람직합니다.

넷째, 동기특성이 우수한 데이터 펄스가 좋습니다. 여기서 말하는 동기는 비트동기(bit synchronization) 혹은 심벌동기(symbol synchronization)입니다. 즉 비트의 시작점과 끝점이 송수신기 간에 정확히 일치해야 한다는 뜻입니다. 이 비트의 시작점과 끝점에 대한 정보는 데이터에 대응하는 클록(clock)에 있습니다. 따라서 수신기에서는 송신기로부터 데이터를 받을 때 이 클록을 함께 받는 것이 가장 쉬운 방법입니다. 그러나 이 방법은 공학적으로 효율적인 방법은 아닙니다. 클록은 주기 신호이므로 직류와 마찬가지로 정보가 전혀 없습니다. 정보도 없는 클록을 위해 중요한 자원인 채널을 할당한다는 것은 비효율적입니다. 그렇다면 대안은 무엇일까요? 바로 정보가 있는 랜덤 데이터에서 클록을 추출하는 것입니다. 즉 랜덤 데이터에서 좀 더 쉽게 클록을 추출할 수 있는 펄스 형태가 바람직합니다.

개념적으로 랜덤 데이터에서 클록을 추출하는 방법은 다음과 같습니다.

먼저 수신된 랜덤 데이터 신호를 천이검출기(transition detector)에 통과시킵니다. 천이검출기는 데이터 열의 상승에지(rising edge)와 하강에지(falling edge)에서만 임펄스를 닮은 신호를 출력합니다. 이 천이검출기의 출력으로 위상 동기 루프(phase locked loop: PLL)를 구동시키면 원하는 클록을 얻을 수 있습니다. 상승 및 하강에지에서만 위상 동기 루프를 구동시킬 수 있는 신호가 천이검출기의 출력에 나타나므로 데이터 패턴에 관계없이 언제나 최대한 많은 천이가 있어야만 안정된 클록을 얻을 수 있습니다. 반대로 긴 시간 동안 천이가 없으면 PLL이 제대로 동작하지 않아 안정된 클록을 얻을 수 없습니다. TTL이나 CMOS회로에서 1이나 0이 연속적으로 발생한 경우입니다. 랜덤 데이터이므로 연속적인 1과 0도 발생할 수 있고 이 경우 안정된 클록의 복원이 불가능합니다. 그러므로 1과 0이 긴 시간 연속적으로 발생하는 경우인지 자주 바뀌는 경우인지에 관계없이 펄스의 천이가 가능한 한 자주 일어나는 것이 바람직합니다.

## 2. 데이터 펄스의 예

펄스의 예를 몇 가지 들어 보고 전술한 바람직한 특성에 비추어 그들을 비교분석해 보겠습니다.

표 5.1에 대상 데이터 펄스 형태와 0110의 4비트 데이터에 대한 신호 파형이 있습니다. 먼저 단극(unipolar)과 양극(bipolar) 신호입니다. 단극 신호는 부호 0은 0[V], 부호 1은 +A[V]를 사용합니다. 반면에 양극 신호는 부호 0에 −A[V], 부호 1에 +A[V]를 사용합니다. 다음으로는 NRZ(non-return-to-zero) 신호와 RZ(return-to-zero) 신호가 있습니다. NRZ 신호는 비트 간격 $T_b$의 중간에 0[V]로 떨어지지 않습니다. 그러나 RZ 신호는 비트 간격의 중간점인 $T_b/2$에서 0[V]로 떨어집니다. 이들 사이의 조합으로 표와 같이 모두 4가지 신호를 얻을 수 있습니다. 특히 그중 단극 NRZ 신호는 잘 알려진 TTL 신호에 해당하며, 양극 NRZ 신호의 예는 CMOS 신호입니다.

통신에 적합하도록 고안된 데이터 펄스로는 맨체스터 부호(Manchester code)와 AMI(alternate mark inversion) 부호가 있습니다. 단극 맨체스터 부호는 부호 0의 경우 비트 간격의 중간점 $T_b/2$까지 0[V]를, 그리고 그 이후는 +A[V]를 유지합니다. 부호 1은 부호 0의 반대입니다. 그리고 양극 맨체스터 부호도 만들 수 있습니다. 이 맨체스터 부호는 부호 0과 1에서 펄스의 천이가 모두 비트 간격의 중간점에서 일어납니다. 그러므로 어떤 비트 열(bit sequence)에서도 반드시 비트 간격의 중간점 $T_b/2$에서 천이가 발생합니다. 물론 비트 열에 따라 비트 간격의 시작점 및 끝점에서도 추가로 천이가 있을 수 있습니다. 따라서 이 맨체스터 부호는 데이터 펄스의 바람직한 특성 중 네 번째인 동기특성이 매우 우수할 것이라고 예상할 수 있습니다.

[표 5.1] 데이터 펄스 형태

| Format | Value for 0 | Value for 1 | 4-bit word<br>0 1 1 0 |
|---|---|---|---|
| Unipolar NRZ | Zero for $T_b$ | +A for $T_b$ | 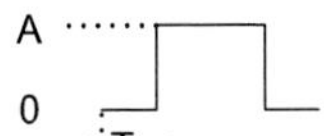 |
| Unipolar RZ | Zero for $T_b$ | +A for $T_b/2$<br>then zero for $T_b/2$ | 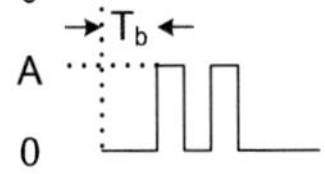 |
| Manchester<br>(biphase) | Zero for $T_b/2$<br>then +A for $T_b/2$ | +A for $T_b/2$<br>then zero for $T_b/2$ |  |
| Bipolar NRZ | -A for $T_b$ | +A for $T_b$ | 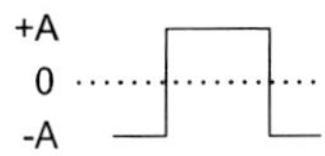 |
| Bipolar RZ | -A for $T_b/2$<br>then zero for $T_b/2$ | +A for $T_b/2$<br>then zero for $T_b/2$ | 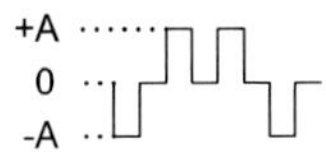 |
| AMI(ternary) | Zero for $T_b$ | +A and -A<br>alternately for $T_b/2$<br>then zero for $T_b/2$ | 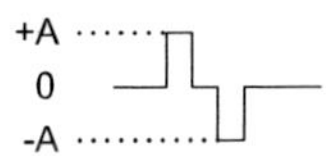 |

마지막으로 AMI 부호는 부호 0일 경우에는 비트 간격 동안 0[V]를 유지하지만 1의 경우에는 비트 간격의 중간점 $T_b/2$까지 번갈아 가며 +A[V]와 -A[V]로 바뀝니다. 즉 지금 비트가 1이고 이때 펄스의 크기가 +A[V]이면 그다음에 나오는 부호 1의 펄스는 -A[V]입니다. 그리고 또 그다음 1에 대한 펄스 크기는 -A[V]가 됩니다. 그리고 이 경우는 RZ 펄스를 사용하므로 나머지 $T_b/2$ 동안은 0[V]입니다. 물론 NRZ 펄스를 이용한 AMI 부호도 가능합니다. 이 AMI 부호는 0, +A, -A[V]의 3레벨을 사용합니다. 따라서 전력 효율 면에서 별로 바람직하지 않습니다. 참고로 양극

RZ 신호도 3레벨이 있습니다. 그러나 이 경우에는 AMI 부호와 달리 0[V]에 정보가 없습니다. 즉 0[V]가 부호 0이나 1을 나타내는 레벨이 아닙니다. 단지 RZ의 조건을 맞추기 위한 것입니다. 따라서 이 경우는 3레벨 신호라고 보지 않습니다.

### 3. 주파수 스펙트럼

그러면 이들 부호의 주파수 스펙트럼을 살펴보겠습니다. 그림 5.1의 전력 스펙트럼을 참조 바랍니다.

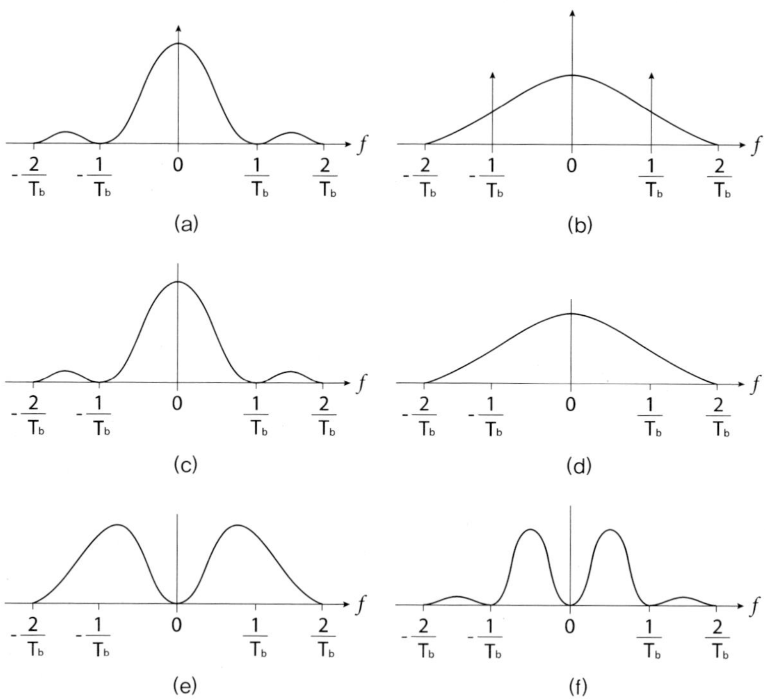


**그림 5.1** 데이터 펄스의 전력 스펙트럼

(a) 단극 NRZ (b) 단극 RZ (c) 양극 NRZ (d) 양극 RZ (e) 맨체스터 부호 (f) AMI 부호

우선 RZ 신호의 대역폭이 NRZ 신호에 비해 2배가 됩니다. 따라서 두 신호를 비교하면 대역폭 효율 면에서 NRZ 신호가 우수합니다. 그리고 단극 신호와 양극 신호는 연속적인 스펙트럼 모양이 같습니다. 그러나 단극 신호에는 직류와 클록주파수 $R=1/T_b$의 정수배 되는 곳에 이산적인 주파수 성분이 있는 반면 양극 신호에는 이산적인 주파수가 없습니다. 이산적인 클록주파수가 있는 단극 신호가 양극 신호에 비해 데이터 신호에서 클록을 추출하는 것이 상대적으로 용이할 것으로 예상됩니다. 그러나 이 4가지 펄스들은 모두 직류와 저주파에 전력이 집중되어 있습니다. 데이터 펄스의 세 번째 바람직한 특성에 완전히 반대되므로 통신의 관점에서는 전혀 바람직하지 않습니다. 그러나 구현과 처리가 쉽기 때문에 기존에 널리 사용하던 TTL이나 CMOS 신호가 여기에 해당하고, 이러한 단점을 보완하기 위해서는 통신용 대안 펄스가 필요합니다.

그럼 맨체스터와 AMI 부호의 스펙트럼을 보겠습니다, 우선 직류 성분은 전혀 없고 저주파 성분도 많이 억제되어 있습니다. 스펙트럼 모양은 앞의 4개 펄스에 비해 바람직한 특성을 만족시킵니다. 그러나 두 부호를 비교하면 AMI 부호는 맨체스터 부호에 비해 대역폭이 반밖에 되지 않습니다. 그러므로 AMI 부호가 대역폭 면에서 더 효율적입니다. 반면에 맨체스터 부호는 앞에서 본 바대로 동기특성이 매우 우수합니다.

그러면 두 부호의 응용 분야를 고려해 보겠습니다. 맨체스터 부호는 동기가 쉽기 때문에 시스템의 복잡도를 줄일 수 있습니다. 그러나 대역폭이 상대적으로 넓기 때문에 대역폭에 대한 조건에는 좀 여유가 있는 시스템이 적합할 것으로 판단됩니다. 그 예가 근거리 통신망시스템입니다. AMI 부호는 상대적으로 좁은 대역폭을 가지는 장점이 있는 반면 3레벨을 사용하므로 잡음 여유도가 줄어들어 잡음에는 취약하다는 단점이 있습니다. 그러므로 상대적으로 잡음에 좀 여유가 있으면서 대역폭은 매우 좁은 시스템에 적합할 것으로 예상할 수 있습니다. 대표적인 예가 음성 통신인 전화시스템입니다.

실제로 전화는 가장 좁은 대역폭을 가지면서 잡음에는 상대적으로 여유가 있습니다. 컴퓨터와 달리 인간은 어느 정도 오류가 있더라도 정보의 전달이 가능함을 경험적으로 알 수 있습니다. 대역폭도 3.3kHz 정도로 가장 좁습니다.

제6장

# 기저대역 신호의 왜곡

PCM과 같이 아날로그-디지털 변환된 신호이든 원래 디지털로 표현된 신호이든 모두 비트 간격 혹은 심벌 간격(symbol interval) 내에서만 그 신호의 모양이 정의됩니다. 즉 시간 제한(time-limited)된 신호입니다. 이론적으로 시간 제한 신호는 그 주파수의 범위에 제한이 없습니다. $-\infty$에서 $+\infty$까지 모든 주파수가 포함되는 주파수 무제한(frequency-unlimited) 신호입니다. 그러나 우리가 실제 사용할 수 있는 채널은 당연히 대역이 무한대가 될 수 없고 모두 그 대역폭에 제한이 있습니다. 즉 대역 제한(band-limited) 채널입니다. 그러므로 시간 제한 혹은 주파수 무제한 신호를 대역 제한 채널을 통해 전송하면 바로 왜곡 현상이 일어납니다. 여기서는 기저대역 신호의 전송 시 발생하는 왜곡 현상을 분석하고 그 대책에 대해 알아보겠습니다.

## 1. 아이 패턴

먼저 왜곡을 관찰할 수 있는 간단한 방법을 알아보겠습니다. 대상이 되는 대역 제한 채널의 입력에 랜덤 데이터 신호를 가합니다. 실제로는 완벽한 랜덤 데이터 신호라야 하지만 실험실에서는 의사랜덤 2진 열(pseudo-random binary sequence: PRBS) 발생기의 출력을 이용할 수 있습니다. 그 채널의 출력을 오실로스코프(oscilloscope)에 입력하고 데이터 신호를 만들 때 사용한 클록을 오실로스코프의 외부 트리거(external trigger) 단자에 가합니다. 그런 다음 트리거를 잘 조정하면 약 1비트 간격에 해당하는 많은 채널 출력 신호들이 겹쳐진 신호를 얻을 수 있습니다. 다음 그림을 참조 바랍니다. 이 모양이 마치 우리의 눈 모양과 닮았다고 하여 이를 아이 패턴(eye pattern) 혹은 아이 다이어그램(eye diagram)이라 합니다.

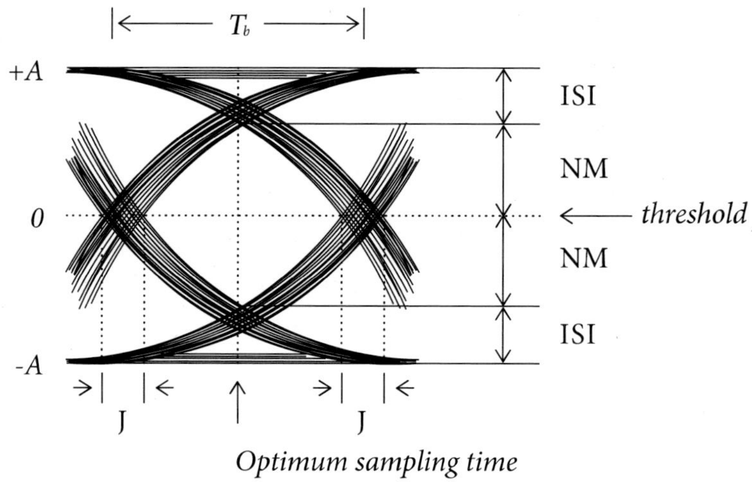


**그림 6.1** 아이 패턴

만약에 송신 신호에 해당하는 랜덤 데이터 신호가 $+A$ [V]로 지속된다면 이는 한동안 거의 직류 성분이 나온다는 것을 의미하므로 수신 신호에 해당하는 채널의 출력 역시 $+A$ [V]가 한동안 지속될 것입니다. 그러나 바로 $+A$ [V]에서 $-A$ [V]로 바뀐다면 그 급격하게 변하는 신호에는 많은 고주파 성분이 집적되어 있습니다. 따라서 이 고주파 성분이 채널을 통과하지 못하고 왜곡이 발생합니다. 즉 급격하게 변하지 못하고 부드럽게 변합니다. 이때 발생하는 왜곡은 인접 비트가 무엇인가에 따라 그 크기가 달라집니다. 이와 같은 이유로 이 왜곡을 심벌 간 간섭(inter-symbol interference: ISI)이라 합니다. 그림과 같이 $\pm A$[V]의 양극 신호를 사용하면 그 문턱값은 0[V]입니다. 즉 수신 신호가 0[V]보다 크면 $+A$[V]가 송신된 것으로 판단하고 그렇지 않으면 $-A$[V]가 송신된 것으로 판단합니다. 그러므로 $+A$[V]에서 ISI의 크기를 빼면 그림에서 NM으로 표시한 잡음 여유도가 됩니다. 그림에서 보면 ISI가 최소로 되고 NM이 최대로 되는 시점이 비트 간격의 중간점이 됨을 알 수 있습니다. 따라서 잡음의 영향을 최소화할 수 있으므로 바로 그 비트 간격의 중간점이 1과 0을 판단할 수 있는 최적의 표본시점입니다.

그리고 비트의 시작점과 끝점은 항상 같은 시간에 있어야 합니다. 그래야 앞서 살펴본 바대로 랜덤 데이터 열에서 안정된 클록을 얻을 수 있습니다. 그러나 이는 언제나 동일한 시간에 펄스의 천이가 일어나야만 가능합니다. 바로 채널의 대역 제한이 없다는 뜻입니다. 그러나 대역 제한 채널의 경우에는 그 펄스 천이가 발생하는 시간이 고정되지 않고 흔들릴 수밖에 없는데 이를 지터(jitter)라 합니다. 그림에 J라고 표현하였습니다. 이런 지터가 증가하면 수신기에서 수신한 랜덤 데이터 열에서 안정된 클록을 얻기가 더 어려워집니다.

만약 채널의 대역폭이 좁아지면 ISI와 지터는 증가하고 아이 패턴의 눈 모양은 마치 졸려서 눈꺼풀을 감듯이 보입니다. 그리고 대역폭이 더욱더 좁아지면 완전히 눈을 감은 것처럼 됩니다. 이처럼 눈이 감기거나 열린

정도를 보면 왜곡의 정도를 알 수 있다 하여 이를 아이 오프닝(eye opening)이라 합니다.

그러면 이론적으로 대역폭이 무한대인 이상적인 채널의 아이 패턴은 어떨까요? 대역폭이 무한대이므로 모든 주파수 성분을 완벽하게 통과시킬 수 있습니다. 신호의 왜곡이 전혀 없으므로 ISI도 지터도 모두 0이 됩니다. 이런 이상적인 채널의 아이 패턴은 더 이상 눈 모양으로 보이지 않고 마치 4각 펄스와 같은 모양이 됩니다.

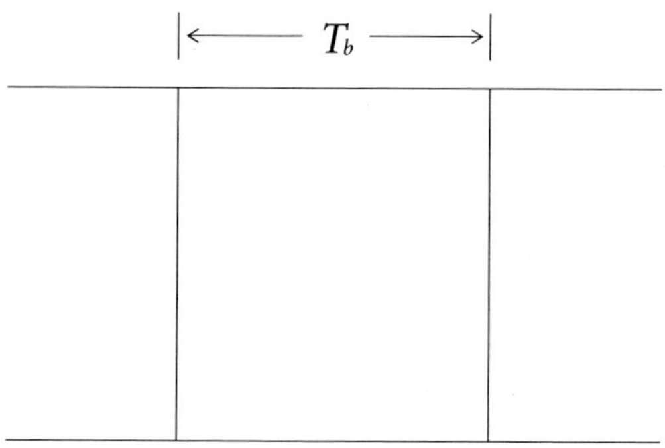


**그림 6.2** 이상적인 채널의 아이 패턴

이처럼 아이 패턴을 관찰함으로써 ISI와 지터 같은 왜곡의 정도를 알 수 있습니다.

## 2. 나이키스트 조건

앞서 살펴본 기저대역 전송 시 발생하는 왜곡을 없앨 수 있는 방안에 대해 알아보겠습니다.

앞에서 보면 송신 신호는 무한대의 대역폭을 차지하고 있는데 채널은 유한 대역폭을 가지기 때문에 왜곡이 발생합니다. 그러나 무한대는 어디까지나 개념상에만 있지 현실에는 있을 수 없습니다. 그러므로 대역이 제한된 펄스로 송신하면 왜곡을 줄이거나 없앨 수 있을 것으로 기대됩니다. 이렇게 ISI가 없는 대역 제한 펄스의 조건이 바로 나이키스트 조건(Nyquist criterion for zero ISI)입니다.

아이 패턴에서 0과 1을 결정하는 순간은 ISI가 최소로 되는 비트 간격의 중간점이었습니다. 그러므로 ISI를 측정하지 않는 다른 시간과 관계없이 이 비트 간격의 중간점에서만 ISI가 0이 된다면 완벽하게 ISI를 제거할 수 있습니다. 그러므로 단 1개의 펄스를 수신한 경우 $t=0$에서는 $+A$, 혹은 정규화(normalize)하여 1의 값을 갖고 그 외 다른 표본시점에 해당하는 $t=nT_b$에서는 모두 0이 되면 ISI가 0이 됩니다. 여기서 $n=\pm 1, \pm 2, \cdots$ 입니다. $t=0$을 수신된 단일 펄스의 표본시점이라면 인접 표본시점은 $\pm T_b, \pm 2T_b, \cdots$이기 때문입니다. 이 나이키스트 조건을 그림으로 표현하면 다음과 같습니다.

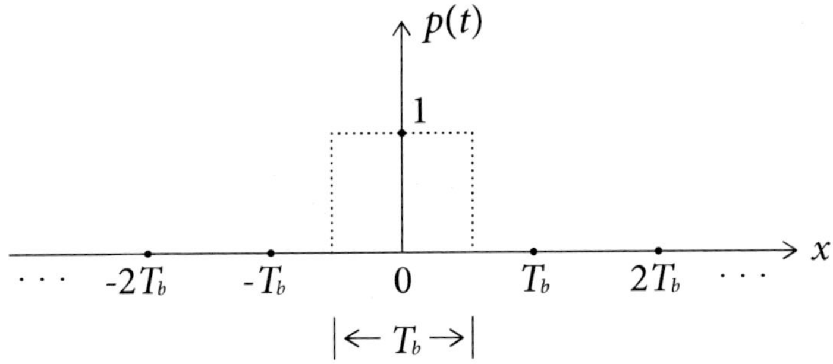


**그림 6.3** 나이키스트 조건

그리고 식으로 표현하면 다음과 같습니다.

$$p(t) = \begin{cases} 1, & t = 0 \\ 0, & t = nT_b \quad \forall\ n \neq 0 \end{cases} \tag{6.1}$$

이런 나이키스트 조건을 만족하는 펄스를 나이키스트 펄스(Nyquist pulse)라 합니다.

나이키스트 펄스의 대표적인 예는 바로 이상적으로 저역 통과된 펄스(ideal LPF pulse)로 다음 그림과 같습니다.

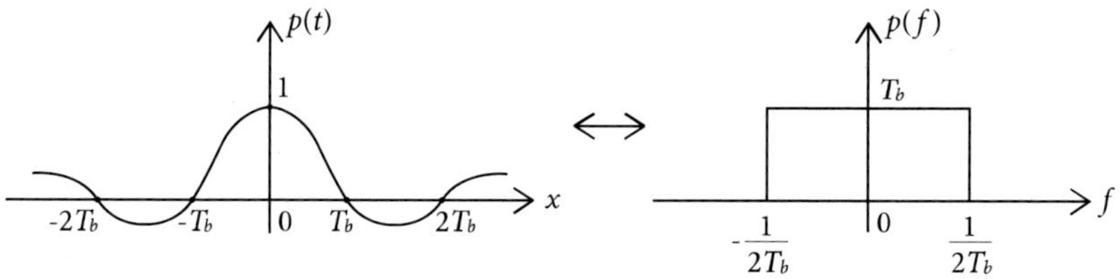


**그림 6.4** 이상적으로 저역 통과된 펄스

시간 영역에서 나이키스트 조건을 만족함을 볼 수 있습니다. 덧붙여 주파수 영역에서 대역폭이 $1/2T_b$로 제한됨을 알 수 있습니다. 그러나 시간에서는 제한 없이 $\pm\infty$까지 펄스가 지속됩니다. 그러나 이 펄스는 이상적이라는 말에서 풍기듯이 현실적으로는 실현이 불가능합니다. $\infty$는 상상 속에서나 가능하지 현실에서는 다룰 수 없습니다. 이런 경우에 공학에서는 자주 근사화(approximation) 기법을 이용해 어느 정도의 오차를 허용하고 이상적인 것에 비슷하면서 실현 가능한 것을 구현합니다. 그런데 이 이상적으로 저역 통과된 펄스는 실현 불가능함은 물론이고 현실적으로 비슷한 펄스를 얻는 것도 매우 어렵습니다. 그 이유는 주파수 스펙트럼에서 완벽한 차단(cut-off)특성을 얻기가 어렵기 때문입니다. 즉 $1/2T_b$[Hz]에서 급격하게 떨어지는 특성을 가지며 또한 통과대역(pass-band) 내에서는 완전히 평탄(flat)한 특성을 가지는 스펙트럼을 구현하기가 매우 어렵습니다. 그러므로 좀 더 구현이 용이한 펄스를 얻으려면 $1/2T_b$[Hz] 근처에서 천천히 떨어지는 차단특성을 가진 펄스를 찾는 것이 필요합니다.

### 3. 올림 코사인 스펙트럼

ISI가 없으면서 스펙트럼의 모양이 서서히 떨어지는 펄스는 어떻게 구할 수 있을까요? 한 가지 방안은 코사인의 모양으로 떨어지는 것입니다. 다음 그림을 참조 바랍니다.

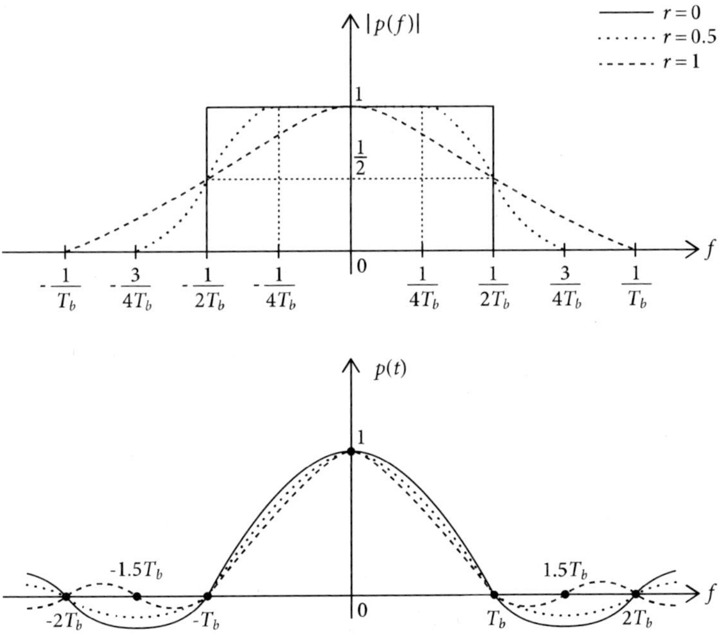


**그림 6.5** 올림 코사인 스펙트럼과 펄스

그림에서 $r$은 롤오프 계수(roll-off factor)로서 차단주파수 근처에서 얼마나 빨리 떨어지느냐를 나타냅니다. 그리고 $0 \le r \le 1$입니다. 그림에서 $r=0$이면 이상적으로 저역 통과한 펄스이며 가장 급격하게 떨어집니다. 반면에 $r=1$이면 가장 느리게 떨어집니다. $r$에 따른 크기 스펙트럼 $|P(f)|$의 모양은 다음과 같습니다. 우선 $|f|<(1-r)/2T_b$의 범위에서는 평탄합니다. 그리고 $(1-r)/2T_b<|f|<(1+r)/2T_b$에서는 코사인의 모양을 따라갑니다. 그러므로 $r=0.5$이면 $|f|<1/4T_b$에서 평탄한 직선 모양을, $1/4T_b<|f|<3/4T_b$에서 코사인 모양을 가집니다. 그리고 $r$의 최대치인 $r=1$에서는 평탄한 직선 부분이 없고 $|f|<1/T_b$에서 완전한 한 주기의 코사인 모양을 따라갑니다. 그래서 $r=1$인 경우를 완전 올림 코사인(full-raised cosine)이라 합니다. 이 롤오프 계수는 좀 더 용이하게 구현할 수 있는 펄스를 얻기 위해서 치러야 할 대가인 초과 대역폭(excessive bandwidth)의 정도를 나타내는 파라미터이기도 합니다. 그림에서 보면 $r$에 따른 절대적인(absolute) 대역폭 $B_{abs}$은 다음과 같습니다.

$$B_{abs}=1/2T_b+r/2T_b \tag{6.2}$$

이상적으로 저역 통과된 펄스($r=0$)의 절대적인 대역폭이 $1/2T_b$이므로 초과 대역폭은 $r/2T_b$입니다.

그럼 올림 코사인 스펙트럼의 시간 특성 $p(t)$를 살펴보겠습니다. 우선 모든 $r$값에 대해 $n \ne 0$인 $nT_b$에서 $p(nT_b)=0$이 되어 나이키스트 조건을 만족함을 알 수 있습니다. 그런데 $r=1$인 완전 올림 코사인의 경우는 특이사항이 있습니다. 물론 당연히 $n \ne 0$인 $nT_b$에서 $p(nT_b)=0$이 되지만 $nT_b$와 $(n+1)T_b$ 사이에 있는 $(n+0.5)T_b$ 시점에서도 0이 됩니다.

이 시점은 판단을 위한 최적 표본시점 $nT_b$들 중간에 있습니다. 바로 비트 간격의 시작점이자 끝점에 해당합니다. 즉 아이 패턴에서 보면 지터가 발생할 수 있는 점입니다. 이 점들에서 모두 0을 통과한다는 것은 지터가 0이 된다는 뜻입니다. 그러므로 이 경우에는 ISI는 물론이고 덧붙여 지터까지도 0으로 만듭니다. 완전 올림 코사인의 경우 초과 대역폭이 $1/2\,T_b$가 됩니다. 따라서 최대 초과 대역폭이라는 대가를 치르면 ISI와 지터를 모두 제거할 수 있는 가장 바람직한 효과를 얻을 수 있습니다.

그러나 이 올림 코사인 스펙트럼도 이론상으로는 실현이 불가능합니다. $t<0$에서 $p(t)\neq 0$이므로 비인과적(non-causal)이기 때문입니다. 이처럼 이론상으로는 이상적으로 저역 통과된 펄스와 마찬가지로 올림 코사인 스펙트럼 역시 실현이 불가능하지만, 올림 코사인이 현실적으로 근사화하기 훨씬 쉽기 때문에 공학적인 대안이 됩니다.

원래 목적은 기저대역 전송 시 발생하는 왜곡 현상인 ISI와 지터를 없애는 것이었습니다. 왜곡을 없앤다는 목적을 현실적으로 달성하면서 치러야 했던 대가는 대역폭의 증가였습니다. 기본적인 통신이론에 의하면 왜곡을 줄이기 위해 송신 신호의 대역폭은 가능한 한 줄이고 반대로 채널의 대역폭은 늘려야 합니다. 여기서 모순이 일어납니다. 왜곡을 줄이기 위해 올림 코사인을 사용하면 오히려 대역폭이 증가하고, 그러면 다시 왜곡에 취약해지게 되는 것입니다. 그러면 다시 이에 대한 대안, 즉 대역폭을 증가시키지 않고 ISI와 지터를 줄이거나 없앨 수 있는 방안을 알아보겠습니다.

## 4. 부분 응답 신호

시간과 주파수의 관계에서 주파수 대역폭을 줄이면 시간 영역에서 펄스의 폭이 넓어집니다. ISI가 없는 펄스에서 펄스폭이 늘어나면 필수적으로 ISI가 나타납니다. 펄스폭을 늘리면서 ISI를 줄이려면 어떻게 해야 할까요? 여기서 발상의 전환이 일어납니다. ISI를 피하는 것이 불가능하다면 바로 그 ISI를 용납하는 것입니다. 그 대신 우리가 ISI를 제어할 수 있도록 해야 합니다. 이렇게 제어할 수 있는 ISI를 가진 펄스를 부분 응답 신호(partial response signaling: PRS)라 합니다. 즉 펄스폭을 증가시킴으로써 좀 더 좁은 대역폭을 가지도록 한 것입니다.

### (1) 이중 2진 신호

부분 응답 신호의 첫째 예는 다음 식과 같이 두 개의 연속적인 2진 입력 펄스를 더한 것입니다.

$$y_k = x_k + x_{k-1} \tag{6.3}$$

이 $y_k$가 이상적인 저역 통과 필터를 통과한 후 채널로 전송합니다. 다음 그림과 같습니다.

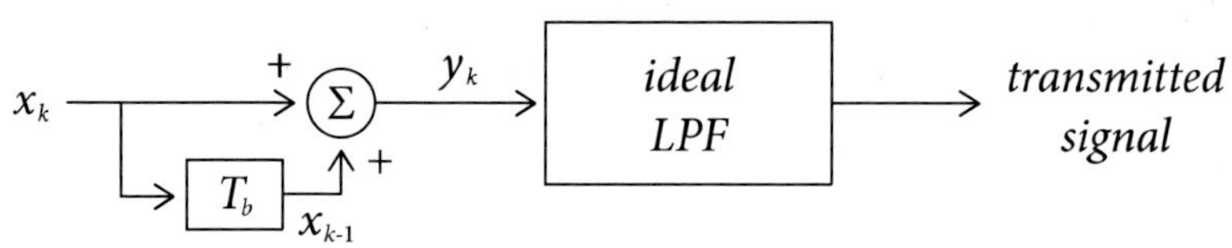


**그림 6.6** 이중 2진 신호화

그러면 전체 시스템의 전달 함수(transfer function)와 크기 응답(magnitude response)은 다음과 같습니다.

$$H(f)=\begin{cases}1+e^{-j2\pi ft}, & |f|<\dfrac{1}{2T_b}\\ 0, & |f|>\dfrac{1}{2T_b}\end{cases} \tag{6.4}$$

$$|H(f)|=\begin{cases}2\cos\pi f T_b, & |f|<\dfrac{1}{2T_b}\\ 0, & |f|>\dfrac{1}{2T_b}\end{cases} \tag{6.5}$$

또한 크기 응답은 다음 그림과 같습니다.

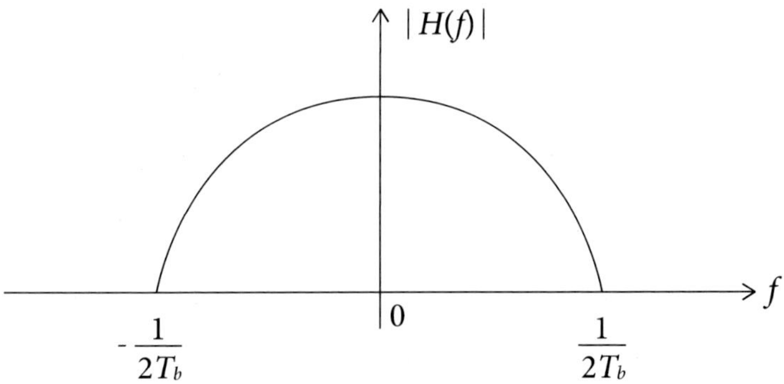


**그림 6.7** 이중 2진 신호화 회로의 크기 응답

$|f|<1/2T_b$에서 코사인 모양을 가지며 대역폭이 이론적인 최소 대역폭인 $1/2T_b$임을 알 수 있습니다. 즉 초과 대역폭이 예상대로 0이 됩니다.

전달 함수를 역 푸리에 변환(inverse Fourier transform)한 임펄스 응답(impulse response)은 다음 그림과 같습니다.

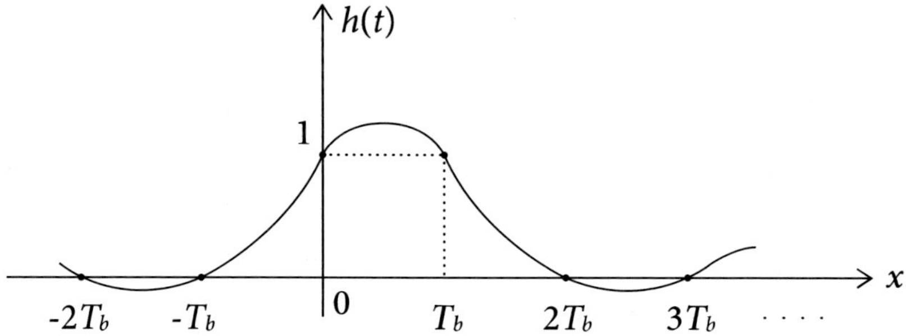


**그림 6.8** 이중 2진 신호화 회로의 임펄스 응답

ISI가 없기 위해서는 $t = T_b$에서 $h(T_b) = 0$이어야 하지만 $h(T_b) = 1$이 되어 ISI가 있습니다. 그러나 이 ISI는 바로 앞 심벌에서만 오도록 제어되어 있습니다.

송신 측에서 $y_k = x_k + x_{k-1}$에 해당하는 신호가 전송되므로 수신 측에서는 수신된 $y_k$로부터 원 2진 열인 $x_k$를 다음과 같이 얻을 수 있습니다.

$$\hat{x}_k = y_k - \hat{x}_{k-1} \tag{6.6}$$

여기서 $\hat{x}_k$가 복호된 2진 데이터 열입니다. 다음 부복호의 예를 참조 바랍니다.

| $x_k$ | 1 | 0 | 0 | 1 | 1 | 1 | 0 | 0 | $\cdots$ |
|---|---|---|---|---|---|---|---|---|---|
| $y_k$ | – | 1 | 0 | 1 | 2 | 2 | 1 | 0 | $\cdots$ |
| $\hat{x}_k$ | (1) | 0 | 0 | 1 | 1 | 1 | 0 | 0 | $\cdots$ |

원 2진 데이터 열 $x_k$는 0과 1의 두 레벨만 가지지만 송신 데이터 열 $y_k$는 0, 1, 2의 세 레벨을 가집니다. 앞서 살펴본 대로 레벨 수의 증가는 잡음 여유도를 감소시킵니다.

요약하면 올림 코사인 스펙트럼을 사용하여 증가된 초과 대역폭은 부분 응답 신호로서 0으로 만들 수 있습니다. 그러나 그 대가로 잡음 여유도가 줄어들어 잡음에 취약해집니다. 그리고 송신 데이터 열 $y_k$가 $x_k$와 $x_{k-1}$의 2비트로 만들어지기 때문에 $y_k$의 1심벌에 오류가 발생하면 복호 심벌인 $\hat{x}_k$는 1개의 비트에만 오류가 발생하는 것이 아니라 인접 비트들에도 오류가 발생합니다. 즉 오류전파(error propagation) 현상이 또 발생합니다.

(2) 선행부호화

오류전파 문제는 선행부호화(precoding)라는 기법으로 해결이 가능합니다.

원 2진 데이터 $x_k$에서 송신 데이터 $y_k$를 만들기 전에 한 단계를 더 거칩니다.

$$z_k = x_k \oplus z_{k-1} \tag{6.7}$$

여기서 $\oplus$는 모듈로-2(modulo-2) 더하기로서 논리회로의 배타적 논리합(exclusive OR)에 해당합니다.

그리고 이 $z_k$에서 아래 식과 같이 $y_k$를 만들어 전송합니다.

$$y_k = z_k + z_{k-1} = (x_k \oplus z_{k-1}) + z_{k-1} \tag{6.8}$$

위 식을 보면 $z_{k-1}$에 관계없이 $x_k = 1$이면 $y_k = 1$이 됩니다. 그러나 $x_k = 0$이면 $y_k = 0$ 혹은 $y_k = 2$이 됩니다. 그러므로 복호는 다음 식으로 할 수 있습니다.

$$\hat{x}_k = \begin{cases} 1, & \text{if } y_k = 1 \\ 0, & \text{if } y_k = 0 \text{ or } 2 \end{cases} \tag{6.9}$$

인접 심벌에 관계없이 $k$번째 수신 심벌에 의해서만 $k$번째 복호 비트를 얻을 수 있으므로 오류전파 현상을 막을 수 있습니다. 다음 예를 참조 바랍니다.

| | | | | | | | | | | |
|---|---|---|---|---|---|---|---|---|---|---|
| $x_k$ | | 1 | 0 | 0 | 1 | 1 | 1 | 0 | 0 | $\cdots$ |
| $z_k$ | (0) | 1 | 1 | 1 | 0 | 1 | 0 | 0 | 0 | |
| $y_k$ | | 1 | 2 | 2 | 1 | 1 | 1 | 0 | 0 | $\cdots$ |
| $\hat{x}_k$ | | 1 | 0 | 0 | 1 | 1 | 1 | 0 | 0 | $\cdots$ |

잡음 여유도의 감소와 오류전파는 모든 부분 응답신호에 해당하는 문제점입니다. 그런데 이중 2진 신호에만 해당하는 문제점이 있습니다. 바로 직류와 저주파 성분이 집중되어 있다는 것입니다. 데이터 펄스 형태의 바람직한 특성들에서 살펴본 바와 같이 직류는 제거하고 저주파 성분은 억제하는 것이 바람직합니다.

### (3) 수정된 이중 2진 신호

이중 2진 신호가 가지는 문제점을 해결한 새로운 형태의 부분 응답신호로 수정된 이중 2진 신호(modified duobinary signaling)가 있습니다. 이중 2진 신호의 스펙트럼 모양이 코사인이기 때문에 직류 성분이 가장 많고 저주파 성분도 많습니다. 어떻게 하면 직류를 없애고 저주파를 억제할 수 있을까요? 바로 코사인이 아니라 사인(sine)특성을 가지도록 하면 가능할 것으로 예상할 수 있습니다. 이러한 부분 응답 신호가 수정된 이중 2진 신호입니다.

송신 열 $y_k$는 다음 식으로 구합니다.

$$y_k = x_k - x_{k-2} \tag{6.10}$$

이 $y_k$가 이상적인 저역 통과 필터를 거친 후 송신됩니다. 다음 그림과 같습니다.

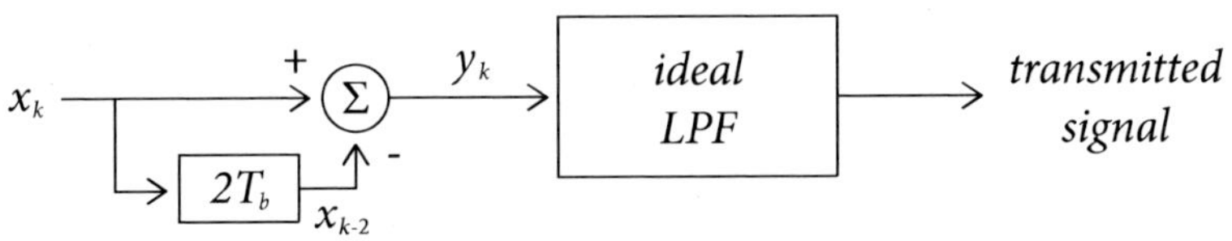


**그림 6.9** 수정된 이중 2진 신호화

이 시스템의 전달 함수와 크기 응답은 다음과 같습니다.

$$H(f) = \begin{cases} 1 - e^{-j4\pi f T_b}, & |f| < \dfrac{1}{2T_b} \\ 0, & |f| > \dfrac{1}{2T_b} \end{cases} \tag{6.11}$$

$$|H(f)| = \begin{cases} 2\sin 2\pi f T_b, & |f| < \dfrac{1}{2T_b} \\ 0, & |f| > \dfrac{1}{2T_b} \end{cases} \tag{6.12}$$

크기 응답과 임펄스 응답은 다음 그림과 같습니다.

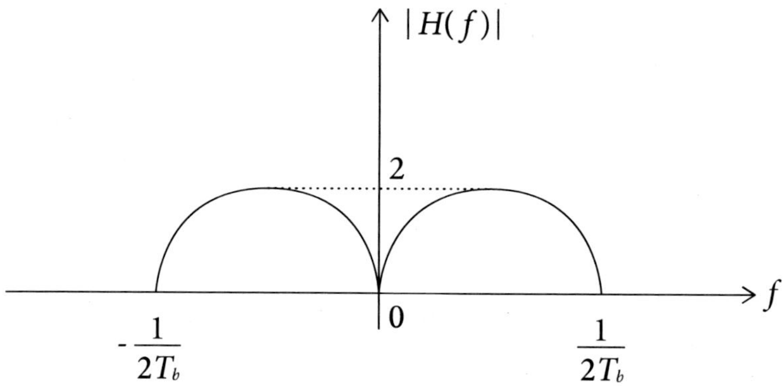


**그림 6.10** 수정된 이중 2진 신호화의 크기 응답

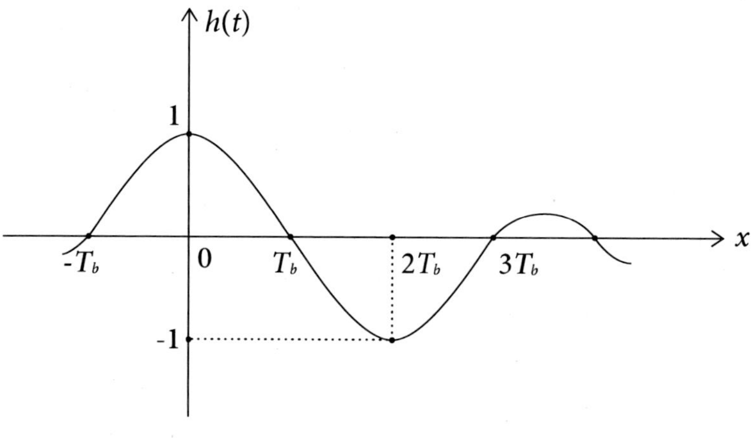


**그림 6.11** 수정된 이중 2진 신호화의 임펄스 응답

우선 대역폭이 이중 2진 신호와 마찬가지로 이론적인 최소 대역폭인 $1/2T_b$임을 확인 바랍니다. 그리고 스펙트럼이 사인 모양을 가지므로 직류는 전혀 없고 저주파도 많이 억제되어 이중 2진 신호의 문제점을 해결하였습니다. 그러나 이중 2진 신호의 스펙트럼보다 그 폭이 더 줄어들었기 때문에 임펄스 응답의 폭은 더 늘어났습니다. 이에 따라 인접 심벌만이 아닌 그다음 심벌까지 영향을 미칩니다.

이중 2진 신호와 마찬가지로 수정된 이중 2진 신호에 대한 부호화 및 복호화 열의 예와 오류전파 문제, 선행부호화 등을 고려해 보기를 권합니다.

### 5. 등화기

설사 올림 코사인이나 부분 응답 신호를 사용하였다 하더라도 이는 송신 신호에서 왜곡이 발생하지 않도록 조치한 것입니다. 즉, 왜곡이 발생하기 전의 사전 대책입니다. 그러나 실제 상황에서는 이처럼 미리 채널을 감안하고 대책을 마련하였다 하더라도 수신 신호에 여전히 예기치 못한 왜곡이 남아 있을 수 있습니다. 바로 채널의 상황이 예측한 것과 달리 변할 수 있기 때문입니다. 이동통신이 대표적인 예입니다. 그러면 이와 같이 송신 측에선 전혀 예측하지 못하고 수신된 신호에 남아 있는 왜곡, 즉 ISI를 없앨 수 있는 방안이 필요합니다. 이는 지연선 필터(transversal filter)의 형태로 구현된 등화기(equalizer)로 해결할 수 있습니다. 지연선 필터는 일련의 지연 소자와 탭 계수, 그리고 가산기(adder)로 이루어진 디지털 필터로 그림 6.12와 같습니다.

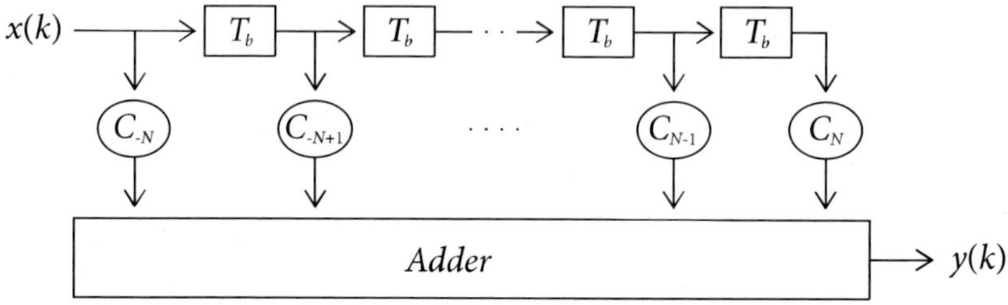


**그림 6.12** 지연선 필터

위 그림의 지연선 필터에는 모두 $2N+1$개의 탭과 탭 계수가 있습니다. 이 경우 입력 $x(k)$와 출력 $y(k)$의 관계는 식 (6.13)과 같습니다. 여기서 $k$는 시간 인수입니다. 즉 $x(k)=x(kT_b)$입니다. $2N+1$개의 탭 계수를 결정하는 것이 바로 이 지연선 필터를 원하는 목적에 맞도록 설계하는 것입니다.

$$
\begin{aligned}
y(k) &= c_{-N}x(k+N)+c_{-N+1}x(k+1-N)+\ \cdots \\
&\quad +c_0x(k)+\cdots\ +c_{N-1}x(k-N+1)+c_Nx(k-N) \\
&= \sum_{n=-N}^{N} c_n x(k-n) \qquad (6.13)
\end{aligned}
$$

여기서 $y(k)$는 등화기 출력이며 $x(k)$는 수신 신호이자 등화기 입력입니다. 그리고 $c_n$이 탭 계수입니다.

단일 펄스나 올림 코사인 펄스에 대해 등화기 출력 $y(k)$에 ISI가 전혀 남아 있지 않기 위해서는 이론적으로 다음과 같은 나이키스트 조건을 만족하여야 합니다.

$$y(k) = \begin{cases} 1, & k = 0 \\ 0, & k \neq 0 \end{cases} \tag{6.14}$$

그러나 $2N+1$개의 탭을 가진 앞의 등화기에서 출력 $y(k)$는 다음과 같습니다.

$$y(k) = \sum_{n=-N}^{N} c_n x(k-n) \tag{6.15}$$

그러므로 이론이 아니라 실제로는 다음의 관계만 만족시킬 수 있습니다.

$$y(k) = \begin{cases} 1, & k = 0 \\ 0, & k = \pm 1,\ \pm 2,\ \cdots\ ,\ \pm N \end{cases} \tag{6.16}$$

즉 현실적으로는 $\pm \infty$까지 0으로 만들지 못하고 단지 $\pm N$까지만 0으로 만들 수 있습니다.

위 식 (6.16)에서 모두 $2N+1$개의 독립적인 방정식을 얻을 수 있습니다. 그리고 등화기 설계를 위해 필요한 탭 계수가 모두 $2N+1$개입니다. 따라서 $2N+1$개의 연립방정식을 풀면 원하는 $2N+1$개의 탭 계수를 얻을 수 있습니다.

이 등화기는 현재 표본을 제외한 이전 $N$개와 이후 $N$개의 표본에서 ISI를 0으로 만듭니다. 따라서 이런 등화기를 제로 포싱(zero-forcing) 등화기라고 합니다. 그러나 모두 $2N$개의 표본에서는 ISI가 0이 되는 것을 보장할 수 있지만 그 밖의 표본, 예를 들면 $y(-N-1)$이나 $y(N+1)$에서는 대부분 0이 되지 않습니다. 따라서 제로 포싱 등화기를 사용하면 출력에 여전히 약간의 ISI가 남는 것이 일반적입니다.

제로 포싱 이외에도 여러 다른 등화기법이 가능합니다. 예를 들면 평균자승오차를 최소로 하는 최소 평균자승오차(minimum mean square error: MMSE) 등화기, 이전 심벌 열에 대한 등화기의 출력을 다시 입력으로 사용하는 결정 재입력 등화기(decision feedback equalizer: DFE) 등이 있습니다. 그리고 이동통신과 같이 전송 중에도 채널의 상태가 시간에 따라 계속 변할 수 있습니다. 이 경우에는 탭 계수를 채널의 변화에 따라 계속하여 조절해 주는 적응등화(adaptive equalization)기법이 응용됩니다.

지금까지 기저대역 신호의 전송 시 발생하는 왜곡 현상의 원인과 대책 등을 살펴봤습니다. 이제 왜곡보다 더 심각한 문제인 잡음 현상에 대해 살펴보겠습니다.

# 제7장

# 오류확률

신호 전송 시 발생하는 잡음은 신호의 모양을 바꿉니다. 아날로그 신호의 경우에는 잡음이 커지면 신호 대 잡음비가 줄어들어 바로 성능 열화(performance degradation)가 일어납니다. 그러나 디지털 신호의 경우에는 잡음 여유도가 있기 때문에 어느 정도 잡음이 증가하여도 성능 열화가 일어나지 않습니다. 즉 잡음 여유도 내에서는 잡음이 증가하여도 성능이 감소하지 않습니다. 그러나 그 잡음 여유도를 초과하면 오류가 발생합니다. 또 잡음 여유도를 초과한 경우에는 잡음이 더 증가하더라도 더 많은 오류가 발생되지 않기 때문에 더 이상의 성능 열화는 없습니다. 따라서 디지털 신호 전송의 경우에는 잡음의 크기가 아니라 얼마나 많은 오류가 발생하느냐 하는 것이 중요합니다. 따라서 앞에서 살펴본 대로 디지털통신의 성능평가 기준은 오류확률입니다. 그럼 먼저 디지털 신호 전송 시 발생하는 오류확률을 분석해 보겠습니다.

## 1. 양극 신호

우선 양극 신호를 사용한 경우를 살펴보고 다음에 단극 신호에 대한 오류확률을 구해 보겠습니다.

일반적인 양극 신호는 부호 1인 경우는 $+s(t)$, 그리고 부호 0인 경우는 $-s(t)$입니다. 따라서 수신 신호 $r(t)$는 다음과 같습니다.

$$r(t) = \begin{cases} +s(t) + n(t), & \text{for code 1} \\ -s(t) + n(t), & \text{for code 0} \end{cases} \tag{7.1}$$

여기서 $n(t)$는 잡음이며 위 식은 1비트 간격에서의 표현입니다. 즉 모든 $i$에 대해 $iT_b < t < (i+1)T_b$ 입니다. 그러나 관례상 $0 < t < T_b$로 간단히 표현합니다.

만약 $s(t)$의 첨두 진폭이 $A$이면 비트 간격의 중간점에서 취한 표본 값은 다음과 같습니다.

$$r = \begin{cases} +A + n, & \text{for code 1} \\ -A + n, & \text{for code 0} \end{cases} \tag{7.2}$$

여기서 $r$은 수신 신호 $r(t)$의 표본 값이고, $n$은 잡음 성분인 $n(t)$의 표본 값입니다. 지금은 잡음의 영향에 대해서만 관심이 있기 때문에 ISI는 없는 것으로 가정합니다.

잡음 $n(t)$는 랜덤 신호이기 때문에 수학적으로 확률과정으로 표현됩니다. 따라서 $n$은 시간 함수가 아니므로 확률변수가 됩니다. 모든 확률변수의 정보는 그 확률 밀도 함수에 있습니다. 전자시스템에서 가장 보편적인 잡음은 열잡음입니다. 이 열잡음은 실험적으로 종 모양으로 잘 알려진 가우스 확률 밀도 함수(Gaussian pdf)를 따릅니다. 이 가우스 확률 밀도 함수는 평균

(mean)과 분산(variance)에 의해 완벽하게 정의됩니다. $n$이 가장 보편적인 열잡음의 표본이라 가정하면 이는 수학적으로 평균이 0이고 분산이 $\sigma^2$인 가우스 확률 밀도 함수를 따릅니다. 통계적으로 평균과 분산은 각각 시간적으로 정의되는 직류와 전력에 해당합니다. 이와 같이 통계적 평균과 시평균을 1 : 1로 대응한 확률과정을 에르고딕 과정이라 합니다. 그러므로 평균이 0이라는 것은 직류 성분이 없다는 의미입니다. 잡음의 직류 성분이 0이라는 것은 충분히 예상할 수 있지만 설사 직류 성분이 있더라도 그 직류 성분에는 정보가 전혀 없기 때문에 신호처리 중에 제거합니다. 바로 교류결합입니다. 따라서 직류가 0이라는 것이 매우 타당한 가정입니다. 직류가 0이면 분산은 바로 그 잡음의 전력입니다. 따라서 잡음 $n(t)$의 직류 성분은 0이고 그 잡음의 크기에 해당하는 전력은 $\sigma^2$입니다. 그러면 $n$이라는 가우스 확률변수에 상수인 $+A$나 $-A$가 더해진 $r$도 가우스 확률변수입니다. 그러므로 부호 1이 송신된 경우의 $r$은 평균이 $+A$이고 분산이 $\sigma^2$인 가우스 확률변수입니다. 반면에 부호 0이 송신된 경우의 평균은 $-A$이며 분산은 마찬가지로 $\sigma^2$입니다. 따라서 부호 1이 송신된 경우 $r$의 조건부 확률 밀도 함수(conditional pdf)는 다음과 같습니다.

$$p(r|1) = \frac{1}{\sqrt{2\pi}\,\sigma} e^{-\frac{(r-A)^2}{2\sigma^2}} \tag{7.3}$$

그리고 부호 0이 송신된 경우는 다음과 같습니다.

$$p(r|0) = \frac{1}{\sqrt{2\pi}\,\sigma} e^{-\frac{(r+A)^2}{2\sigma^2}} \tag{7.4}$$

이 조건부 확률 밀도 함수의 그림은 아래와 같습니다.

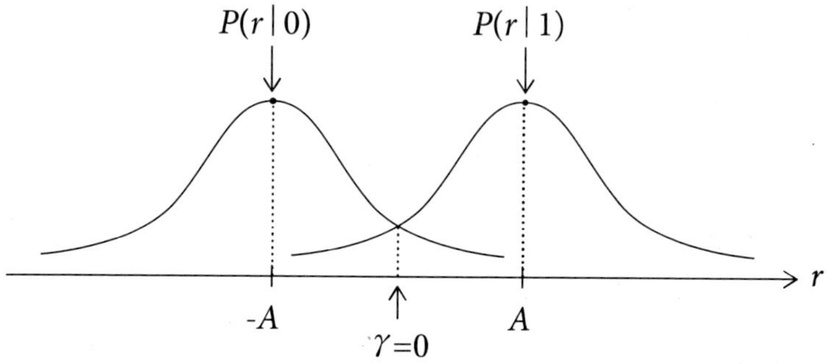


**그림 7.1** 수신 신호 표본의 조건부 확률 밀도 함수

만약 부호 1과 0을 판단하는 문턱 값이 $\gamma$이면 $\gamma = 0$이 오류확률을 최소화할 것으로 충분히 예측할 수 있습니다. 부호 1과 0의 발생할 확률이 동일한 경우, 즉 $P(1) = P(0) = 1/2$이면 수학적으로도 $\gamma = 0$이 최적 문턱값임을 증명할 수 있습니다. 즉 잡음을 포함한 수신 신호의 표본 $r$이 0보다 크면 부호 1이 송신된 것으로 판단하고 0보다 작으면 부호 0이 송신된 것으로 판단합니다. 그리고 제대로 부호화하였다면 $P(1) = P(0) = 1/2$의 가정도 충분한 타당성을 가집니다. 그 경우가 바로 가장 랜덤한 경우로서 가장 많은 정보를 가지고 있기 때문입니다.

부호 0이 송신된 경우, 오류가 발생한 확률 $P(e|0)$은 부호 1로 판단한 확률 $P(1|0)$로서 다음과 같이 구해집니다.

$$P(e|0) = P(1|0) = P(r > \gamma\,|0) = P(r > 0\,|0)$$
$$= \int_0^{\infty} p(r|0)dr = \int_0^{\infty} \frac{1}{\sqrt{2\pi}\,\sigma} e^{-\frac{(r+A)^2}{2\sigma^2}} dr \qquad (7.5)$$

이는 또한 잡음신호의 표본 $n$이 $A$보다 클 확률과 같습니다.

$$P(e|0)=P(n>A)=\int_A^{\infty}\frac{1}{\sqrt{2\pi}\,\sigma}e^{-\frac{n^2}{2\sigma^2}}\,dn$$
$$=\int_{\frac{A}{\sigma}}^{\infty}\frac{1}{\sqrt{2\pi}}e^{-\frac{z^2}{2}}dz \tag{7.6}$$

물론 위 식의 값은 손으로 구할 수 없습니다. 표를 이용하거나 수치해석적으로 구해야만 합니다. 그러므로 다음과 같은 특수 함수 $Q(x)$로 표현할 수 있습니다.

$$Q(x)=\int_x^{\infty}\frac{1}{\sqrt{2\pi}}e^{-\frac{z^2}{2}}dz \tag{7.7}$$

즉 $Q(x)$는 평균이 0이고 분산이 1인 가우스 확률변수 $z$가 $x$보다 클 확률로서 상보 오류함수(complementary error function)라고도 합니다. 따라서 $Q(x)$는 변수 $x$가 증가하면 할수록 그 값이 감소하는 단순 감소함수(monotonically decreasing function)입니다.

따라서 부호 0이 송신된 경우 오류가 발생할 확률은 다음과 같습니다.

$$P(e|0)=P(1|0)=Q\left(\frac{A}{\sigma}\right) \tag{7.8}$$

여기서 $A$는 신호 $s(t)$의 첨두 진폭이고 $\sigma$는 잡음의 표준편차입니다. 위 식에서 신호가 증가할수록, 또 잡음이 줄어들수록, 오류확률이 줄어든다는 상식에 적합한 결론을 확인할 수 있습니다.

참고로 만약 $x$가 3.0보다 큰 경우, 즉 $Q(x)$가 약 $10^{-3}$ 이하인 경우 공학적으로 아래와 같은 근사식을 이용할 수 있습니다.

$$Q(x) \approx \frac{1}{\sqrt{2\pi}\,x} e^{-\frac{x^2}{2}} \tag{7.9}$$

마찬가지로 부호 1이 송신된 경우의 오류확률은 다음과 같이 구할 수 있습니다.

$$\begin{aligned} P(e|1) &= P(0|1) = P(r < \gamma\,|1) \\ &= P(r < 0|1) = P(n < -A) \end{aligned} \tag{7.10}$$

그리고 가우스 확률 밀도 함수의 대칭성에 의해 이 오류확률 $P(e|1)$은 부호 0이 송신된 경우의 오류확률 $P(e|0)$과 같습니다.

$$P(e|1) = P(0|1) = P(e|0) = P(1|0) = Q\left(\frac{A}{\sigma}\right) \tag{7.11}$$

이로써 오류가 발생할 수 있는 두 가지 경우 모두 조건 확률을 구하였습니다.

이 조건 확률을 이용한 평균오류확률 $P_B$는 다음과 같습니다.

$$P_B = P(e|0)P(0) + P(e|1)P(1) \tag{7.12}$$

부호 0과 1이 발생할 확률이 동일하면 $P(0) = P(1) = 1/2$이고

$P(e|0)=P(e|1)=Q(A/\sigma)$입니다. 따라서 평균오류확률 $P_B$와 조건오류확률 $P(e|0)$와 $P(e|1)$이 모두 같은 값을 가집니다.

$$P_B = P(e|0) = P(e|1) = Q\left(\frac{A}{\sigma}\right) \tag{7.13}$$

이 평균오류확률을 신호 대 잡음비의 함수로 표현해 보겠습니다. 먼저 평균 신호 전력 $S$는 다음과 같습니다.

$$S = P(1)(A)^2 + P(0)(-A)^2 = A^2 \tag{7.14}$$

그리고 평균 잡음 전력 $N$은 전술한 바와 같이 잡음의 분산 $\sigma^2$에 해당합니다.

$$N = \sigma^2 \tag{7.15}$$

그러므로 신호 대 잡음비는 다음과 같습니다.

$$\frac{S}{N} = \frac{A^2}{\sigma^2} \tag{7.16}$$

따라서 양극 신호에 대한 평균오류확률은 다음과 같이 신호 대 잡음비의 함수로 나타낼 수 있습니다.

$$P_B = Q\left(\sqrt{\frac{S}{N}}\right) \tag{7.17}$$

역시 신호 대 잡음비가 증가할수록 오류확률은 줄어든다는 상식에 부합한 결론을 얻을 수 있습니다.

## 2. 단극 신호

지금까지 양극 신호에 대한 오류확률을 구해 봤습니다. 그럼 단극 신호의 오류확률은 어떨까요? 우선 수신 신호 $r(t)$는 다음과 같습니다.

$$r(t)=\begin{cases} s(t)+n(t), & \text{for code } 1 \\ n(t), & \text{for code } 0 \end{cases} \tag{7.18}$$

따라서 수신 신호 $r(t)$의 표본 값 $r$은 다음과 같습니다.

$$r=\begin{cases} A+n, & \text{for code } 1 \\ n, & \text{for code } 0 \end{cases} \tag{7.19}$$

가우스 확률변수인 수신 신호 $r$의 평균은 부호 1이 송신된 경우 $A$이며 부호 0이 송신된 경우는 잡음만 수신되므로 0입니다. 그리고 분산은 부호에 관계없이 모두 $\sigma^2$입니다.

$$p(r|1)=\frac{1}{\sqrt{2\pi}\,\sigma}e^{-\frac{(r-A)^2}{2\sigma^2}} \tag{7.20}$$

$$p(r|0)=\frac{1}{\sqrt{2\pi}\,\sigma}e^{-\frac{r^2}{2\sigma^2}} \tag{7.21}$$

두 평균이 $A$와 0이므로 최적 문턱 값은 $A/2$가 됩니다.

$$\gamma = \frac{A}{2} \tag{7.22}$$

따라서 부호 0이 송신된 경우 오류확률은 다음과 같이 구해집니다.

$$\begin{aligned} P(e|0) &= P(1|0) = P(r > \gamma\,|0) = P(r > \frac{A}{2}\,|\,0) \\ &= \int_{\frac{A}{2}}^{\infty} p(r|0)dr = \int_{\frac{A}{2}}^{\infty} \frac{1}{\sqrt{2\pi}\,\sigma} e^{-\frac{r^2}{2\sigma^2}} dr \\ &= Q\left(\frac{A}{2\sigma}\right) \end{aligned} \tag{7.23}$$

그리고 양극 신호의 경우와 마찬가지로 부호 1이 송신된 경우의 오류확률도 부호 0이 송신된 경우와 같습니다.

$$P(e|1) = P(0|1) = P(e|0) = P(1|0) = Q\left(\frac{A}{2\sigma}\right) \tag{7.24}$$

평균오류확률도 마찬가지로 위 조건부 오류확률과 같습니다.

$$\begin{aligned} P_B &= P(e|0)P(0) + P(e|1)P(1) \\ &= P(e|0) = P(e|1) = Q\left(\frac{A}{2\sigma}\right) \end{aligned} \tag{7.25}$$

평균 신호 전력 $S$는 다음과 같습니다.

$$S = P(1)(A)^2 + P(0)(0)^2 = \frac{A^2}{2} \tag{7.26}$$

그리고 평균 잡음 전력은 양극 신호의 경우와 같이 $N = \sigma^2$입니다. 따라서 신호 대 잡음비와 신호 대 잡음비의 함수로서 구한 단극 신호의 평균오류확률은 아래와 같이 얻을 수 있습니다.

$$\frac{S}{N} = \frac{A^2}{2\sigma^2} \tag{7.27}$$

$$P_B = Q\left(\sqrt{\frac{S}{2N}}\right) \tag{7.28}$$

참고로 앞서 구한 양극 신호의 평균오류확률은 다음과 같습니다.

$$P_B = Q\left(\sqrt{\frac{S}{N}}\right) \tag{7.29}$$

### 3. 비교·분석

두 신호를 오류확률의 관점에서 살펴보면 $Q(x)$가 단순 감소함수이므로 동일한 신호 대 잡음비 상황에서 양극 신호가 단극 신호에 비해 더 낮은 오류확률을 보임을 알 수 있습니다. 다시 말해 양극 신호는 단극 신호에 비해 1/2의 신호 전력만 있어도 동일한 오류확률을 얻기에 충분합니다.

즉 양극 신호는 단극 신호에 비해 3dB의 이득(gain)이 있습니다.

오류확률과는 다른 관점에서 두 신호를 비교해 보겠습니다. 단극 신호의 최적 문턱 값은 $A/2$입니다. 반면에 양극 신호의 문턱 값은 항상 0입니다. 즉 접지(ground) 상태로 가장 안정된 레벨입니다. 그러나 $A/2$는 $A$에 따라 결정되므로 설사 제대로 설계하여 정확한 레벨을 만들었다 하더라도 환경이나 시간이 지남에 따라 변경될 가능성이 충분합니다. 상대적으로 불안정한 레벨입니다. 따라서 오류확률 면에서나 문턱 값의 안정성 관점에서 보면 양극 신호가 단극 신호에 비해 비교 우위에 있다고 볼 수 있습니다.

지금까지 잡음의 영향으로 발생하는 오류의 확률을 분석해 보았습니다. 이제 이 분석을 토대로 한 최적 시스템의 설계에 대해 살펴보겠습니다.

제8장

# 최적 검파기

## 1. 전달 함수 및 임펄스 응답

디지털통신 시스템의 성능척도는 오류확률입니다. 따라서 이 오류확률을 최소화하는 시스템이 최적 검파기(optimum detector)입니다.

앞서 살펴본 두 신호의 오류확률은 $Q(x)$로 표현되며 그 변수에 해당하는 $x$는 모두 $A/\sigma$입니다. 여기서 $A$는 수신 신호의 부호를 결정하기 위하여 표본을 취한 순간의 첨두 신호 레벨입니다. 그리고 $\sigma$은 표본화된 잡음의 표준편차입니다. $Q(x)$는 단순 감소함수이므로 오류확률을 최소화하는 것은 $A/\sigma$를 최대화하는 것과 같습니다. 즉 표본을 취하는 순간의 첨두 신호 레벨 대 잡음 표준편차의 비를 최대화하여야 합니다. 이러한 최적 검파기를 그림으로 나타내면 다음과 같습니다.

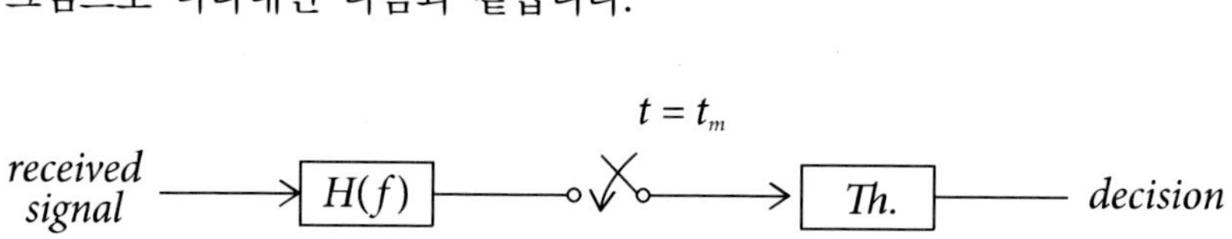


**그림 8.1** 최적 검파기

여기서 양극 신호를 송신한 경우 수신 신호 $r(t)$는 다음과 같습니다.

$$r(t) = \pm s(t) + n(t) \tag{8.1}$$

그리고 $H(f)$라는 미지의 전달 함수를 가지는 시스템 혹은 필터를 통과한 출력 $r_o(t)$와 $t = t_m$의 순간에 표본을 취한 값 $r_o(t_m)$은 다음과 같습니다.

$$r_o(t) = \pm s_o(t) + n_o(t) \tag{8.2}$$

$$r_o(t_m) = r_o(t)|_{t=t_m} = \pm s_o(t_m) + n_o(t_m) \tag{8.3}$$

$s_o(t)$는 신호 성분 $s(t)$에 대한 필터의 출력이며 $n_o(t)$는 잡음 성분 $n(t)$에 대한 출력입니다. 이 $r_o(t_m)$을 최적 문턱 값인 0과 비교하여 송신 부호를 결정합니다. 따라서 표본화된 신호의 첨두 레벨은 $s_o(t_m)$이고 표본 잡음은 $n_o(t_m)$입니다. 그러면 설계과정에서 결정하여야 할 것은 첨두 신호 레벨 대 표본 잡음 표준편차의 비 $s_o(t_m)/\sigma_o$을 최대화하는 필터의 전달 함수 $H(f)$입니다.

문제의 접근을 쉽게 하기 위하여 $s_o(t_m)/\sigma_o$을 최대화하는 것은 $s_o^2(t_m)/\sigma_o^2$을 최대화하는 것과 같습니다. 이는 또한 $s_o^2(t_m)/\overline{n_o^2(t)}$를 최대화하는 것과도 같습니다. 여기서 $s_o(t_m)$과 필터 출력 잡음 전력을 나타내는 $\overline{n_o^2(t)}$는 다음과 같습니다.

$$s_o(t_m) = s_o(t)|_{t=t_m} = s(t) * h(t)|_{t=t_m} \tag{8.4}$$

$$\overline{n_o^2(t)} = \lim_{T\to\infty} \frac{1}{T} \int_{-\frac{T}{2}}^{\frac{T}{2}} |n_o^2(t)|\, dt \tag{8.5}$$

$*$은 시간합성(time convolution)이며 $h(t)$는 필터의 전달 함수 $H(f)$를

역 푸리에 변환한 임펄스 응답입니다.

$$s(t) * h(t) \equiv \int_{-\infty}^{\infty} s(\tau) h(t-\tau) d\tau \tag{8.6}$$

$$h(t) = \int_{-\infty}^{\infty} H(f) e^{j2\pi ft} df \tag{8.7}$$

$s_o^2(t_m)/\overline{n_o^2(t)}$를 최대화하는 $H(f)$를 찾아야 하므로 $s_o^2(t_m)/\overline{n_o^2(t)}$를 $H(f)$의 함수로 나타내 보겠습니다. 먼저 분자에 해당하는 $s_o(t_m)$입니다.

$$s_o(t) = \int_{-\infty}^{\infty} H(f) S(f) e^{j2\pi ft} df \tag{8.8}$$

$$s_o(t_m) = \int_{-\infty}^{\infty} H(f) S(f) e^{j2\pi ft_m} df \tag{8.9}$$

$S(f)$는 시간 함수 $s(t)$를 푸리에 변환한 주파수 함수입니다.

$$S(f) = \int_{-\infty}^{\infty} s(t) e^{-j2\pi ft} dt \tag{8.10}$$

분모에 해당하는 $\overline{n_o^2(t)}$도 다음과 같이 $H(f)$의 함수로 나타낼 수 있습니다.

$$\overline{n_o^2(t)} = \int_{-\infty}^{\infty} P_n(f) |H(f)|^2 df \tag{8.11}$$

여기서 $P_n(f)$는 필터 입력 잡음 $n(t)$의 전력 밀도 함수(power spectral

density: PSD)이며 $P_n(f)|H(f)|^2$는 출력 잡음 $n_o(t)$의 전력 밀도 함수 입니다. 따라서 $s_o^2(t_m)/\overline{n_o^2(t)}$와 $H(f)$는 다음의 관계가 있습니다.

$$\frac{s_o^2(t_m)}{\overline{n_o^2(t)}}=\frac{|\int_{-\infty}^{\infty} H(f)\, S(f)\, e^{j2\pi f t_m}\, df\,|^2}{\int_{-\infty}^{\infty} P_n(f)\,|H(f)|^2\, df} \tag{8.12}$$

1차 목표인 $s_o^2(t_m)/\overline{n_o^2(t)}$를 $H(f)$의 함수로 얻었습니다만 우리가 원하는 $H(f)$를 얻는 것은 쉽지 않아 보입니다. 이럴 경우 이용할 수 있는 수학적인 도구가 부등식입니다. 슈바르츠 부등식(Schwarz inequality)에 의하면 다음의 관계가 성립합니다.

$$\left|\int_{-\infty}^{\infty} f(x)g(x)\,dx\right|^2 \le \int_{-\infty}^{\infty}|f(x)|^2dx\int_{-\infty}^{\infty}|g(x)|^2\,dx \tag{8.13}$$

그리고 임의의 상수 $k$에 대해 $f(x)=kg^*(x)$일 경우에만 등식(=)이 성립합니다. $g^*(x)$는 $g(x)$의 공액 복소수(complex conjugate) 함수입니다. 이 부등식의 의미는 두 함수의 곱을 적분한 후 제곱한 값은 각 함수를 제곱한 후 적분한 것을 곱한 값보다 항상 작거나 같다는 것입니다. 수학적으로 부등식의 의미는 좌변과 우변 중 어느 것이 더 큰지 나타내는 것입니다. 그러나 공학적으로는 어느 변이 더 큰지는 별 의미가 없습니다. 공학은 항상 최적 해를 찾아 가는 과정입니다. 그리고 그것은 성능을 평가할 수 있는 파라미터를 가지고 이를 최대화하거나 최소화함으로써 얻을 수 있습니다. 그러므로 공학적으로는 부등식에서 등식이 성립되는 경우가 절대적인 의미를 가집니다.

식 (8.12)에서 슈바르츠 부등식을 적용하여 몇 번의 수학적 과정을 거치면 다음의 관계를 얻을 수 있습니다.

$$\frac{s_o^2(t_m)}{\overline{n_o^2(t)}} \le \int_{-\infty}^{\infty} \frac{|S(f)|^2}{P_n(f)}\, df \tag{8.14}$$

그리고 등식은 다음의 $H(f)$에만 성립합니다.

$$H(f) = k\frac{S^*(f)\, e^{-j2\pi f t_m}}{P_n(f)} \tag{8.15}$$

만약 필터 입력 잡음 $n(t)$가 백색잡음(white noise)이면 그 잡음 전력밀도는 모든 주파수에 동일한 상수 값 $N_0/2\,[\mathrm{V^2/Hz}]$입니다. 전자전기회로에서 대표적인 잡음인 열잡음이 바로 이 백색잡음으로 모델링할 수 있습니다.

$$P_n(f) = \frac{N_0}{2} \tag{8.16}$$

$k$와 $N_0/2$ 모두 상수이므로 오류확률을 최소화할 수 있는 최적 검파기의 전달 함수 $H(f)$와 임펄스 응답 $h(t)$는 다음과 같습니다.

$$H(f) = k\, S^*(f)\, e^{-j2\pi f t_m} \tag{8.17}$$

$$h(t) = k\, s^*(t_m - t) \tag{8.18}$$

2. 정합 필터

신호 $s(t)$와 임펄스 응답 $h(t)$의 관계를 보여 주는 예가 다음 그림에 있습니다.

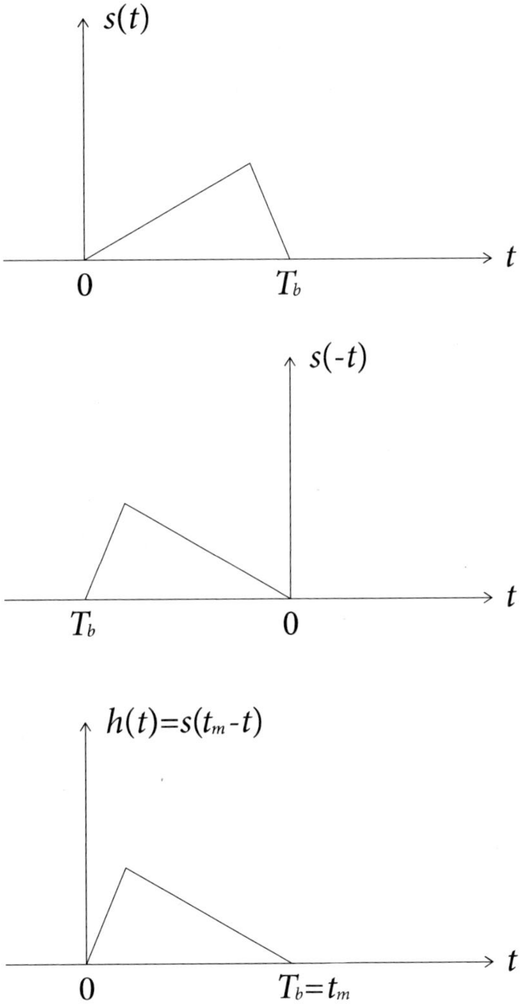


**그림 8.2** 신호 $s(t)$와 최적 검파기의 임펄스 응답 $h(t)$

그림에서 보면 임펄스 응답 $h(t)$가 신호 파형 $s(t)$의 거울상(mirror image)임을 알 수 있습니다. 따라서 이런 최적 검파기를 정합 필터(matched filter: MF)라 합니다. 그리고 표본을 취하는 시점인 $t_m$도 최적의 값으로 선택할 필요가 있습니다. 그림에서 $t_m < T_b$이면 $t < 0$에서 $h(t) \neq 0$이므로 실현이 불가능한 시스템입니다. 또 $t_m > T_b$이면 출력 신호에 일정 시간의 지연(delay)이 생깁니다. 결국 실현 가능하면서 최소 지연을 가지는 $t_m$이 최적입니다. 그림에서와 같이 이 예에서는 $t_m = T_b$입니다.

이 정합 필터는 기존의 일반적인 시스템과는 전혀 다른 특성을 가지고 있습니다. 즉 기존 시스템과 신호는 전혀 관계가 없습니다. 입력 신호가 달라지더라도 시스템은 변화가 없습니다. 그래서 출력 신호는 입력 신호에 따라 변합니다. 그러나 정합 필터의 임펄스 응답은 입력 신호에 의해 결정됩니다. 입력 신호가 달라지면 정합 필터도 달라집니다. 따라서 입력 신호가 바뀌더라도 출력 신호는 변하지 않을 수 있습니다. 결론적으로 기존 시스템은 입력 신호와 무관하지만 정합 필터는 입력 신호에 의해 결정된다는 점을 유의하기 바랍니다.

### 3. 최소 오류확률

오류확률을 최소화하는 최적 검파기는 정합 필터입니다. 그럼 정합 필터로 얻은 최소 오류확률은 얼마일까요?

먼저 수신 신호의 표본인 $r_o(t_m)$의 평균에 해당하는 출력 신호 표본 $s_o(t_m)$은 다음과 같이 구해집니다.

$$s_o(t_m) = \int_{-\infty}^{\infty} S(f)\, H(f)\, e^{j2\pi f t_m}\, df \tag{8.19}$$

여기서 임의의 상수를 $k=1$로 두면 $H(f)=S^*(f)e^{-j2\pi f t_m}$입니다.

$$s_o(t_m)=\int_{-\infty}^{\infty} S(f)\,S^*(f)\,df=\int_{-\infty}^{\infty}|s(f)|^2\,df=E_s \quad (8.20)$$

그러므로 출력 신호 $s_o(t_m)$은 신호 파형인 $s(t)$에는 관계없으며 단지 그 신호의 에너지 $E_s$에 의해 결정됩니다. 즉 에너지가 같으면 신호 파형이 변하더라도 출력 신호 레벨은 변함이 없습니다.

다음은 수신 신호의 표본인 $r_o(t_m)$의 분산에 해당하는 출력 잡음 전력 $\overline{n_o^2(t)}$ 입니다.

$$\overline{n_o^2(t)}=\int_{-\infty}^{\infty} P_n(f)\,|H(f)|^2\,df \quad (8.21)$$

백색잡음의 전력 밀도 함수는 $P_n(f)=N_0/2$입니다.

$$\begin{aligned}\overline{n_o^2(t)}&=\frac{N_0}{2}\int_{-\infty}^{\infty}|H(f)|^2\,df\\&=\frac{N_0}{2}\int_{-\infty}^{\infty}|S(f)|^2\,df=\frac{N_0}{2}E_s\end{aligned} \quad (8.22)$$

출력 잡음 전력 또한 잡음의 전력밀도뿐만 아니라 신호의 에너지에 의해서도 결정됩니다. 잡음은 전혀 변화가 없더라도 신호의 에너지가 증가하면 출력 잡음 전력도 증가합니다. 바로 신호에 따라 변하는 정합 필터의 특성 때문입니다.

따라서 부호 1이 송신된 경우 $r = r_o(t_m)$은 평균이 $s_o(t_m) = E_s$이고 분산이 $\sigma_o^2 = \overline{n_o^2(t)} = (N_0/2)E_s$인 가우스 확률변수입니다. 그리고 부호 0이 송신된 경우는 분산은 같고 평균만 $-E_s$로 달라집니다. 그러므로 양극 신호를 사용한 경우 정합 필터로 얻어지는 최소 오류확률은 다음과 같습니다.

$$P_{B(\mathrm{MF})} = Q\left(\sqrt{\frac{2E_s}{N_0}}\right) \tag{8.23}$$

## 4. 상관기

이러한 정합 필터를 이용한 최적 검파기를 전달 함수나 임펄스가 아닌 다른 방법으로 구현할 수도 있습니다.

실제 신호(real signal) $s(t)$를 사용하면 정합 필터의 임펄스 응답은 $h(t) = s(T_b - t)$입니다. 그러면 정합 필터의 출력 $r_o(t)$와 그 표본 $r_o(t_m) = r_o(T_b)$는 다음과 같습니다.

$$\begin{aligned} r_o(t) &= r(t) * h(t) = \int_{-\infty}^{\infty} r(\tau)h(t-\tau)d\tau \\ &= \int_{-\infty}^{\infty} r(\tau)s(T_b - t + \tau)d\tau \end{aligned} \tag{8.24}$$

$$r_o(T_b) = r_o(t)|_{t = T_b} = \int_{-\infty}^{\infty} r(\tau)s(\tau)d\tau \tag{8.25}$$

여기서 $s(t)$는 $0 \le t \le T_b$에서만 정의되어 있으므로 $r_o(T_b)$는 다음과 같이 얻을 수 있습니다.

$$r_o(T_b) = \int_0^{T_b} r(t)\,s(t)\,dt \tag{8.26}$$

이 $r_o(T_b)$를 문턱 값과 비교하여 송신 부호에 대한 결정을 합니다. 위 식을 그대로 구현하면 다음과 같고 이를 상관기(correlator)라고 합니다.

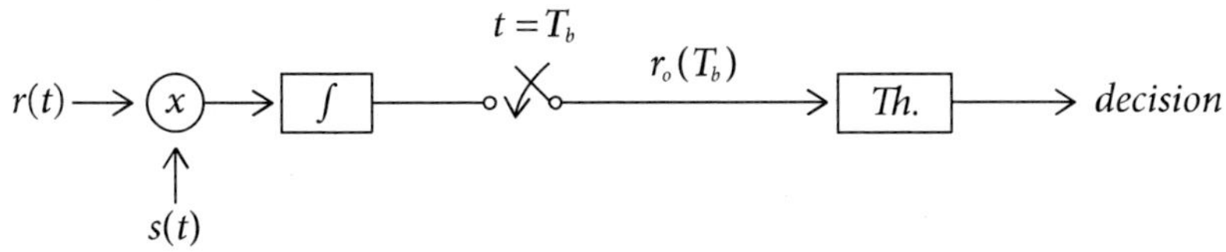


**그림 8.3** 상관기

이 상관기에서 적분기의 출력은 정합 필터에서의 $r_o(t)$와는 다릅니다. 그러나 출력 신호의 표본은 두 시스템 모두 $r_o(t_m) = r_o(T_b)$로 동일합니다. 따라서 최종 오류확률도 같습니다.

## 5. 일반 2진 신호 정합 필터

양극 신호는 $\pm s(t)$, 그리고 단극 신호는 $s(t)$를 사용합니다. 따라서 정합 필터의 임펄스 응답은 $s(t)$에 따라 결정합니다. 그러나 만약 부호 1과 0에 해당하는 신호의 모양이 다르다면 어느 신호에 따라 임펄스 응답을 결정하여야 할까요? 해답을 구하는 과정은 생략하고 그 의미를 알아보겠습니다.

부호 1의 신호가 $s_1(t)$이고 부호 0의 신호가 $s_0(t)$이면 수신 신호 $r(t)$는 다음과 같습니다.

$$r(t) = \begin{cases} s_1(t) + n(t) & \text{for code 1} \\ s_0(t) + n(t) & \text{for code 0} \quad 0 \le t \le T_b \end{cases} \tag{8.27}$$

이런 경우 두 신호의 차 $s_1(t) - s_0(t)$에 대한 정합 필터가 최소 오류확률을 가지는 최적 검파기가 됩니다. 전달 함수와 임펄스 응답은 다음과 같습니다.

$$H(f) = [S_1(f) - S_0(f)]^* e^{-j2\pi f t_m} \tag{8.28}$$

$$h(t) = s_1^*(t_m - t) - s_0^*(t_m - t) \tag{8.29}$$

그리고 이 정합 필터에 의한 최소 오류확률은 다음과 같습니다.

$$P_B = Q\left(\sqrt{\frac{E_1 + E_0 - 2E_{10}}{2N_0}}\right) \tag{8.30}$$

여기서 $E_1$과 $E_0$는 각각 $s_1(t)$와 $s_0(t)$의 에너지입니다.

$$E_1 = \int_{-\infty}^{\infty} |s_1(t)|^2 dt \tag{8.31}$$

$$E_0 = \int_{-\infty}^{\infty} |s_0(t)|^2 dt \tag{8.32}$$

$$E_{10} = \int_{-\infty}^{\infty} s_1(t) s_0^*(t)\, dt \tag{8.33}$$

좀 더 특수한 경우에 대한 위 최소 오류확률을 검증해 보겠습니다.

우선 양극 신호입니다. 양극 신호는 $s_0(t) = -s_1(t)$입니다. 따라서 $E_1 = E_0$이며 $E_{10} = -E_1$입니다. 이때 최소 오류확률 $P_B$는 다음과 같습니다.

$$P_B = Q\left(\sqrt{\frac{E_1 + E_0 - 2E_{10}}{2N_0}}\right) = Q\left(\sqrt{\frac{2E_1}{N_0}}\right) \tag{8.34}$$

부호 1과 0이 발생할 확률이 동일한 신호의 평균 비트 에너지 $E_b$는 다음과 같습니다.

$$E_b = P(1)E_1 + P(0)E_0 = \frac{1}{2}(E_1 + E_0) = E_1 = E_0 \tag{8.35}$$

그러므로 양극 신호에 대한 정합 필터 검파기의 오류확률은 다음과 같이 $E_b/N_0$의 함수로 나타낼 수 있습니다.

$$P_B = Q\left(\sqrt{\frac{2E_b}{N_0}}\right): \text{ bipolar} \tag{8.36}$$

다음으로 단극 신호는 $s_0(t) = 0$이고 따라서 $E_0 = 0,\ E_{10} = 0$입니다. 그러므로 다음과 같습니다.

$$P_B = Q\left(\sqrt{\frac{E_1}{2N_0}}\right) \tag{8.37}$$

$$E_b = \frac{1}{2}(E_1 + E_0) = \frac{E_1}{2} \tag{8.38}$$

$$P_B = Q\left(\sqrt{\frac{E_b}{N_0}}\right): \text{ unipolar} \tag{8.39}$$

그리고 직교(orthogonal) 신호입니다. 직교 신호는 다음의 식을 만족합니다.

$$\int_0^{T_b} s_1(t)s_0^*(t)\,dt = 0 \tag{8.40}$$

따라서 $E_{10} = 0$ 입니다.

$$P_B = Q\left(\sqrt{\frac{E_1 + E_0}{2N_0}}\right) \tag{8.41}$$

$$E_b = \frac{E_1 + E_0}{2} \tag{8.42}$$

$$P_B = Q\left(\sqrt{\frac{E_b}{N_0}}\right):\ \text{orthogonal} \tag{8.43}$$

따라서 단극 신호와 직교 신호의 오류확률은 동일하고 양극 신호는 그들에 비해 3dB의 이득이 있음을 확인할 수 있습니다. 덧붙여 모든 오류확률을 $E_b/N_0$의 함수로 표현하였습니다. 앞으로도 모든 디지털통신 시스템의 성능척도인 오류확률은 $E_b/N_0$의 함수로 표현됨을 유념하기 바랍니다. 이 오류확률과 최적 검파기에 대한 내용은 앞으로 나오는 디지털 변복조에도 계속 적용됩니다.

제3부

# 디지털 신호를 어떻게 변조하는가?

제9장

# 2진 디지털 변조

디지털 신호도 아날로그 신호와 마찬가지로 변조를 합니다. 먼저 디지털 변조에 앞서 변조의 정의와 필요성에 대해 정리해 보겠습니다. 변조란 정보를 가진 메시지 신호를 전송에 적합하도록 변형시키는 것을 말합니다. 좀 더 정확히 말하면 신호의 스펙트럼을 원래보다 더 높은 주파수 영역으로 옮기는 것입니다. 왜 주파수를 높여야 할까요?

만약 송신기와 수신기의 거리가 아주 가까우면 변조라는 과정이 필요 없습니다. 바로 옆에 있는 사람과 대화를 나누는 경우입니다. 따라서 변조를 하지 않는 아날로그 신호전송의 경우 공학적으로는 통신의 범위에 포함시키지 않습니다. 최적 시스템을 위해 고려할 것이 없기 때문입니다. 그러나 디지털통신의 경우에는 앞에서 살펴본 바와 같이 변조를 하지 않은 기저대역 전송의 경우에도 공학적인 문제 해결과 최적 시스템의 설계가 필요합니다.

그러나 만약 송신기와 수신기가 멀리 떨어져 있는 경우, 즉 장거리 통신의 경우에는 아날로그 신호의 전송과 마찬가지로 디지털 신호의 전송에도 변조가 필요합니다. 전기신호는 파동(wave)의 특성을 가지고 있습니다. 파동이 전파되는 경우 도달할 수 있는 거리는 파장(wavelength)에 의해 좌우됩니다. 즉 파장이 길면 도달거리가 짧습니다. 변조하지 않은 음성이 좋은 예입니다. 당연히 목소리를 크게 하면, 즉 신호 전력을 높이면 좀 더 먼 거리까지 음성을 보낼 수 있지만 바로 한계에 도달합니다. 그 한계를 넘어 전송할 수 있는 방법이 무엇일까요? 바로 전파 전파(wave propagation) 특성에 의해 파장을 짧게 하면 더 멀리 전송할 수 있습니다. 방송이 좋은 예입니다. 파장과 주파수는 반비례의 관계를 가집니다. 파장과 주파수를 곱하면 상수인 빛의 속도가 됩니다. 따라서 파장을 짧게 하려면 주파수를 높여야 합니다. 이런 장거리 전송의 필요에 의해 변조가 시작되었습니다. 장거리 전송 외에도 다중화, 안테나 크기, 잡음 면역성 등등의 필요와 효과를 위해 변조를 합니다.

그럼 디지털 변조의 시작으로 가장 간단하고 기본적인 2진 신호의 변조에 대해 알아보겠습니다.

## 1. 진폭 편이 키잉

반송파 신호의 진폭에 2진 정보를 실는 방식이 진폭 편이 키잉(amplitude shit keying: ASK)입니다. 아날로그 신호의 진폭 변조(amplitude modulation: AM)에 해당합니다. 부호 1과 0에 해당하는 신호 $s_1(t)$와 $s_0(t)$는 비트 간격 $T_b$ 내에서 다음과 같이 표현됩니다.

$$\begin{cases} s_1(t) = A_1 \cos 2\pi f_c t \\ s_0(t) = A_0 \cos 2\pi f_c t, \qquad 0 \le t \le T_b \end{cases} \tag{9.1}$$

만약에 두 진폭 $A_1$과 $A_0$ 중 하나가 0이면 다음과 같습니다.

$$\begin{cases} s_1(t) = A\cos 2\pi f_c t \\ s_0(t) = 0, \qquad\qquad 0 \le t \le T_b \end{cases} \tag{9.2}$$

이는 진폭 편이 키잉의 특수한 경우로 온오프 키잉(on-off keying: OOK)이라고 합니다. 온오프 키잉으로 변조된 파형의 예가 다음과 같습니다.

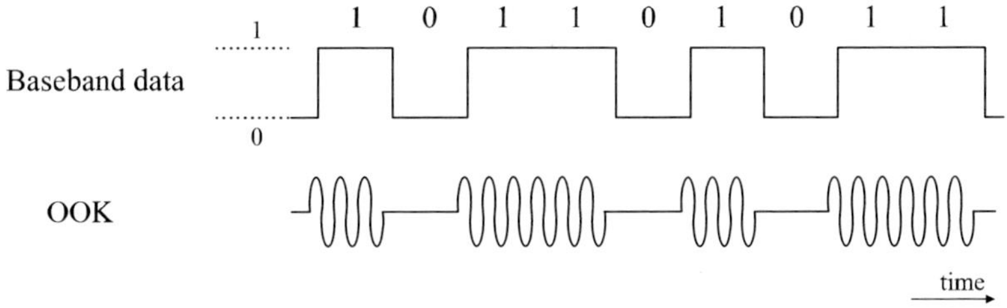


**그림 9.1** 온오프 키잉 변조 파형의 예

이 온오프 키잉 변조기는 기계적으로 발진기와 스위치만으로 다음과 같이 구성할 수 있습니다.

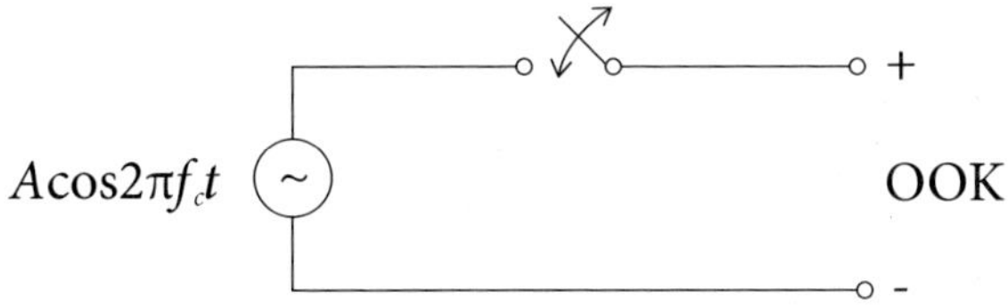


**그림 9.2** 온오프 키잉 변조기

그림과 같이 단지 스위치를 온, 오프함으로써 변조 파형을 얻을 수 있다

하여 온오프 키잉이라 합니다.

전자적으로는 다음과 같이 단극 NRZ 신호를 진폭 변조하여 온오프 키잉 신호를 얻습니다. 여기서 변조기는 단지 입력 신호에 반송파를 곱하기만 하면 됩니다. 따라서 이는 반송파 억압 양측파대(double sideband-suppressed carrier: DSB-SC) 변조기입니다. 그러므로 온오프 키잉은 단극 NRZ 신호의 DSB-SC 변조로 볼 수 있습니다.

다음 그림에 단극 NRZ 신호의 스펙트럼을 이용하여 온오프 키잉 신호의 스펙트럼도 포함하였습니다. 편의상 양의 주파수(positive frequency)만 표시하였습니다. 단극 NRZ 신호의 직류와 온오프 키잉 신호의 반송파에 이산적인 주파수가 있음을 유의하기 바랍니다. 그리고 온오프 키잉 신호의 주로브(main lobe)의 폭이 $2/T_b$임도 확인할 수 있습니다.

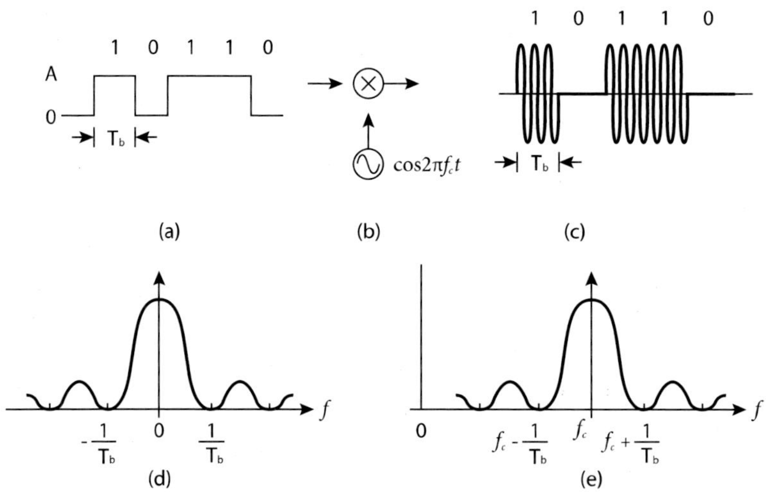


**그림 9.3** 단극 NRZ 신호의 DSB-SC 변조

(a) 단극 NRZ 신호 (b) OOK 변조기 (c) OOK 신호
(d) 단극 NRZ 신호 스펙트럼 (e) OOK 신호 스펙트럼

만약 양극 NRZ 신호를 사용하여 DSB-SC 변조하면 $\pm A\cos 2\pi f_c t$ 신호를 얻습니다. 여기에 반송파 신호를 더하면 $2A\cos 2\pi f_c t$와 0이 되므로 온오프 키잉 신호를 얻을 수 있습니다. 따라서 온오프 키잉은 양극 NRZ 신호의 양측파대-진폭 변조(double sideband-amplitude modulation: DSB-AM)로도 볼 수 있습니다.

온오프 키잉 복조기는 동기 및 비동기 복조기가 있습니다. 동기 복조기는 앞서 살펴본 정합 필터 혹은 상관기입니다. 동기회로에 해당하는 반송파 복원(carrier recovery: CR)회로가 필요합니다. 온오프 키잉 신호는 양극 NRZ 신호의 DSB-AM과 같으므로 비동기 복조기는 우선 아날로그 진폭 변조 신호의 복조에 사용된 포락선 검파기(envelope detector)를 사용할 수 있습니다. 그리고 아날로그 신호의 복조에는 사용할 수 없지만 디지털 신호의 복조에만 사용할 수 있는 제곱 검파기(square-law detector)가 있습니다. $A\cos 2\pi f_c t$를 제곱하면 $A^2\cos^2 2\pi f_c t$를 얻고 이를 저역 통과필터를 통과시키면 $A^2/2$를 얻습니다. 그러면 부호 1에 해당하는 $A\cos 2\pi f_c t$가 송신된 것으로 판단합니다. 그러나 0이 송신된 경우는 제곱을 하고 LPF를 통과하여도 여전히 0입니다. 따라서 이 경우는 부호 0이 송신된 것으로 판단합니다.

다음은 오류확률 혹은 비트오율(bit error rate: BER)입니다. 오류확률의 정확한 의미는 하나의 비트에 오류가 발생할 확률입니다. 그러나 비트오율은 수많은 비트 중에서 몇 비트에 오류가 발생하는가 하는 평균값입니다. 그래서 의미는 다르지만 수학적으로는 동일한 값을 가지므로 같이 사용합니다. 온오프 키잉 신호는 둘 중 하나의 신호가 0이므로 단극 신호에 해당합니다. 따라서 정합 필터나 상관기와 같은 최적 검파기, 즉 동기 검파기를 사용하면 다음과 같은 오류확률을 얻을 수 있습니다.

$$P_B = Q\left(\frac{E_b}{N_0}\right) \tag{9.3}$$

물론 포락선 검파기나 제곱 검파기를 이용하여 비동기 검파를 하면 성능은 저하(degradation)됩니다. 실험적으로 실용적인 오류확률인 $P_B < 10^{-4}$에서는 그 성능차이가 1dB 미만으로 나타납니다. 그리고 오류확률이 줄어들면 줄어들수록 그 차이도 더 줄어듭니다. 오류 자체가 거의 발생하지 않기 때문입니다.

### 2. 주파수 편이 키잉

반송파의 주파수에 부호 1과 0의 정조가 실린 변조 방식이 주파수 편이 키잉(frequency shift keying: FSK)입니다.

$$\begin{cases} s_1(t) = A\cos 2\pi f_1 t \\ s_0(t) = A\cos 2\pi f_0 t, \qquad 0 \le t \le T_b \end{cases} \tag{9.4}$$

두 주파수 $f_1$과 $f_0$는 다음의 관계가 있습니다.

$$\Delta f = f_1 - f_0 \tag{9.5}$$

$$f_c = \frac{f_0 + f_1}{2} \tag{9.6}$$

식에서도 알 수 있듯이 $\Delta f$는 두 주파수의 차이며, $f_c$는 두 주파수의 중간 주파수(center frequency)입니다.

이 주파수 편이 키잉은 다음과 같은 두 온오프 키잉 $OOK_1$과 $OOK_2$의 조합으로 볼 수 있습니다.

$$\text{OOK}_1: \begin{cases} s_1(t) = A\cos 2\pi f_1 t \\ s_2(t) = 0 \end{cases} \tag{9.7}$$

$$\text{OOK}_2: \begin{cases} s_1(t) = 0 \\ s_2(t) = A\cos 2\pi f_0 t \end{cases} \tag{9.8}$$

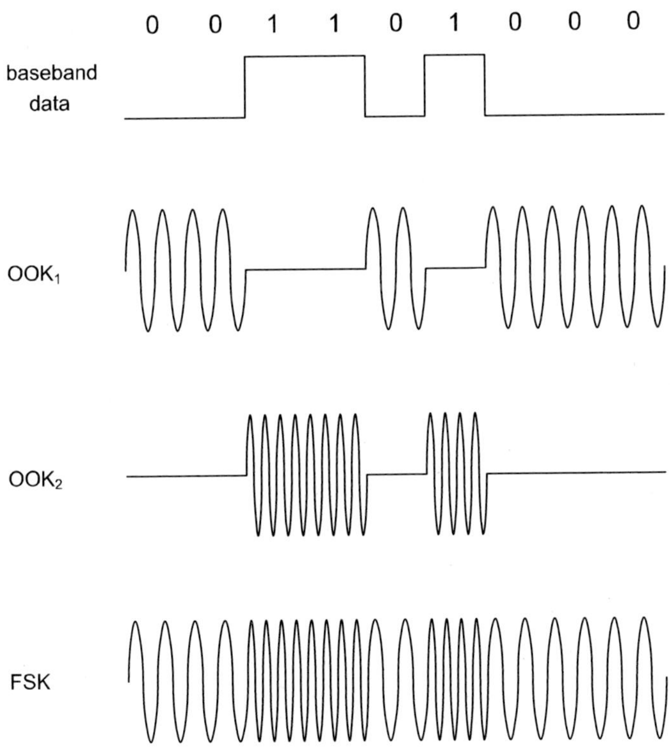


**그림 9.4** 주파수 편이 키잉의 파형 예

주파수 키잉 변조기와 복조기는 아날로그 주파수 변조기와 복조기를 그대로 사용할 수 있습니다. 직접적인 방식의 변복조기인 VCO(voltage-controlled oscillator)와 주파수 판별기(frequency discriminator), 그리고 간접적인 방식의 변복조기인 암스트롱 시스템(Armstrong system)과 PLL(phase locked loop)입니다. 그에 더해 동기 검파기인 정합 필터와 상관기도 물론 사용할 수 있습니다.

VCO를 이용한 주파수 편이 키잉의 변조와 주파수 스펙트럼이 다음 그림 9.5에 있습니다.

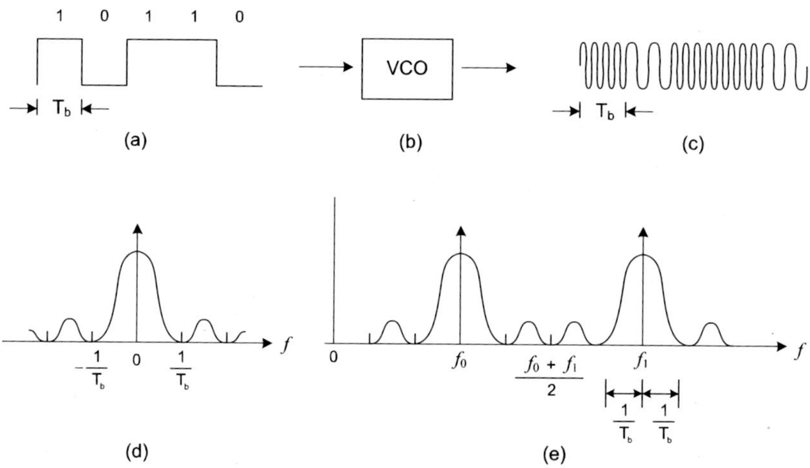


**그림 9.5** 주파수 편이 키잉의 변조와 스펙트럼

(a) 기저대역 신호 (b) 변조기 (c) 주파수 편이 키잉 신호
(d) 기저대역 신호 스펙트럼 (e) 주파수 편이 키잉 신호 스펙트럼

주파수 편이 키잉의 $s_1(t)$와 $s_0(t)$는 서로 다른 신호이므로 일반적인 2진 신호입니다. 따라서 앞 장에서 살펴본 바와 같이 정합 필터를 이용한 동기 검파기의 오류확률은 다음 식과 같습니다.

$$P_B = Q\left(\sqrt{\frac{E_1 + E_0 - 2E_{10}}{2N_0}}\right) \tag{9.9}$$

그런데 만약 실 신호(real signal) $s_1(t)$와 $s_0(t)$가 서로 직교하면 다음의 관계가 성립합니다.

$$E_{10} = \int_0^{T_b} s_1(t)s_0(t)\,dt = 0 \tag{9.10}$$

위 관계가 성립되기 위한 조건은 다음과 같습니다.

$$\Delta f = \frac{n}{2T_b} \tag{9.11}$$

즉 0이 아닌 모든 정수 $n$에 대해 두 주파수의 차가 $1/2T_b$의 $n$배가 됩니다. 확인 바랍니다. 그럼 이러한 $\Delta f$를 가지는 주파수 편이 키잉의 $s_0(t)$와 $s_0(t)$는 직교 신호이므로 앞 장에서와 같이 정합 필터 검파기의 오류확률은 다음과 같습니다.

$$P_B = Q\left(\sqrt{\frac{E_b}{N_0}}\right) \tag{9.12}$$

모든 정수 $n$에 대해 동일한 오류확률을 얻을 수 있습니다. 그러나 $n$이 증가하면 $\Delta f$도 증가합니다. 즉 두 주파수 $f_0$와 $f_1$ 사이의 간격이 커집니다. 따라서 $n$이 커질수록 전송대역폭이 증가하여 왜곡에 취약해집니다.

따라서 전송대역폭을 최소화하기 위해서는 $\Delta f$를 최소화하는 $n$을 선택하여야 합니다. 즉 $n = 1$입니다.

$$\Delta f_{\min} = \frac{1}{2T_b}$$

이 경우의 $s_0(t)$와 $s_0(t)$는 다음과 같습니다.

$$\begin{cases} s_1(t) = A\cos 2\pi(f_c + \dfrac{1}{4T_b})t \\ s_0(t) = A\cos 2\pi(f_c - \dfrac{1}{4T_b})t \end{cases} \tag{9.13}$$

두 주파수 사이의 간격을 최소로 하는 주파수 편이 키잉으로 이를 최소편이 키잉(minimum shift keying: MSK)이라 합니다. 즉, 최소 주파수 천이를 가지는 직교 주파수 키잉이 MSK입니다. 이 경우는 다른 주파수 편이 키잉과는 달리 주파수 스펙트럼에서 더 이상 두 개의 봉우리를 가지지 않고 하나의 봉우리만 가지며 이 주 로브의 폭은 $1.5/T_b$가 됩니다.

### 3. 위상 편이 키잉

반송파의 위상에 부호 1과 0의 정보가 실리면 위상 편이 키잉(phase shift keying: PSK)이 됩니다.

$$\begin{cases} s_1(t) = A\cos(2\pi f_c t + \theta_1) \\ s_0(t) = A\cos(2\pi f_c t + \theta_0), \qquad 0 \le t \le T_b \end{cases} \tag{9.14}$$

위상은 상대적인 파라미터이므로 절대적인 위상이 아니라 위상차가 의미가 있습니다. 따라서 최대 위상차는 $\pi$[rad]입니다.

$$\begin{cases} s_1(t) = A\cos 2\pi f_c t \\ s_0(t) = A\cos(2\pi f_c t + \pi) = -A\cos 2\pi f_c t = -s_1(t) \end{cases} \tag{9.15}$$

이 경우 두 신호의 위상이 완전히 반전되었다고 하여 위상 반전 키잉(phase reversal keying: PRK)이라고도 합니다.

위상 반전 키잉 신호의 예가 다음 그림에 있습니다.

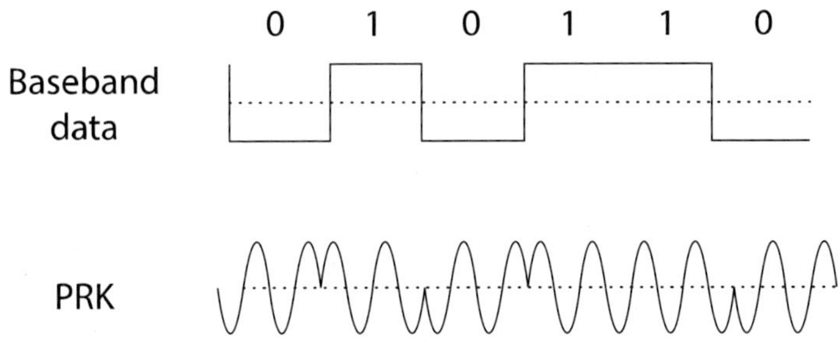


**그림 9.6** 위상 반전 키잉 파형 예

부호 1에서 0 또는 0에서 1로 변하는 순간 위상이 반전됨을 확인할 수 있습니다.

이 위상 반전 키잉 신호는 양극 NRZ 신호에 반송파 신호를 곱하기만 하면 얻을 수 있습니다. 즉 양극 NRZ 신호를 DSB-SC 변조한 것이 바로 위상 반전 키잉입니다. 이런 과정과 위상 반전 키잉 신호의 주파수 스펙트럼이 다음 그림에 있습니다. 온오프 키잉의 스펙트럼과 연속적인 스펙트럼 모양은 동일하지만 반송파 주파수에 해당하는 이산적인 주파수 성분이 없음을 확인 바랍니다.

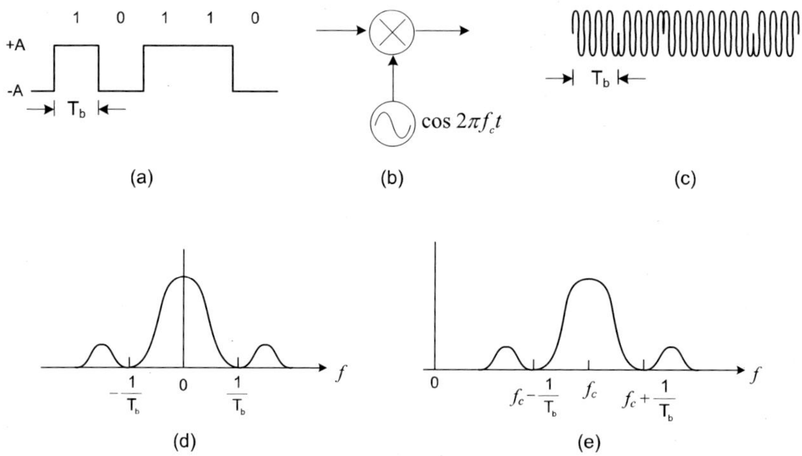


**그림 9.7** 위상 반전 키잉의 변조와 주파수 스펙트럼

(a) 양극 NRZ 신호 (b) 변조기 (c) 위상 반전 키잉 신호
(d) 양극 NRZ 신호 스펙트럼 (e) 위상 반전 키잉 스펙트럼

위상 반전 키잉 신호는 $s_0(t) = -s_1(t)$이므로 양극 신호입니다. 따라서 정합 필터를 이용한 최적 검파기의 오류확률은 다음과 같습니다,

$$P_B = Q\left(\sqrt{\frac{2E_b}{N_0}}\right) \tag{9.16}$$

예상되는 바와 같이 온오프 키잉이나 직교 주파수 키잉보다 3dB의 이득이 있습니다. 그러나 위상 편이 키잉은 위상에 정보가 있으므로 비동기 복조가 불가능합니다. 반드시 수신 신호로부터 반송파를 추출하는 반송파

복원 회로가 필요합니다. 이는 구현에 큰 부담이 될 수 있으므로 공학적으로 반송파 복원을 좀 쉽게 할 수 있는 방안이 필요합니다.

### 4. 차동 위상편이 키잉

반송파 복원, 즉 동기의 어려움을 덜기 위하여 차동 부호화(differential encoding) 기법을 사용할 수 있습니다.

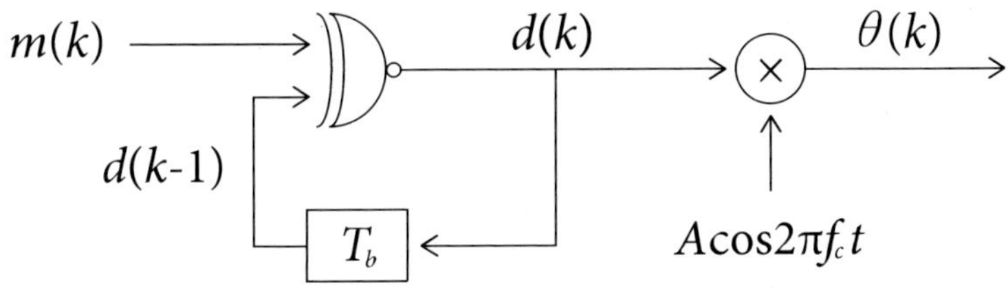


그림 9.8 차동 부호화

먼저 메시지를 가진 $k$번째 2진 부호 $m(k)$를 바로 변조하지 않고 다음의 과정을 거친 $d(k)$를 변조합니다.

$$d(k) = \begin{cases} 1 & \text{if} \quad m(k) = d(k-1) \\ 0 & \text{if} \quad m(k) \neq d(k-1) \end{cases} \tag{9.17}$$

예를 들면 다음과 같습니다.

| | | | | | | | | | | | |
|---|---|---|---|---|---|---|---|---|---|---|---|
| $m(k)$ | | 1 | 1 | 0 | 1 | 0 | 1 | 1 | 0 | 0 | 1 |
| $d(k)$ | (1) | 1 | 1 | 0 | 0 | 1 | 1 | 1 | 0 | 1 | 1 |

만약 $k$번째 위상 반전 키잉 신호의 위상을 $\theta(k)$라 하면 위 송신 부호열에 해당하는 $\theta(k)$는 다음과 같습니다.

$\theta(k)$ 0 0 0 $\pi$ $\pi$ 0 0 0 $\pi$ 0 0

이 신호가 채널을 통해 전송됩니다.

복조 회로는 다음과 같습니다.

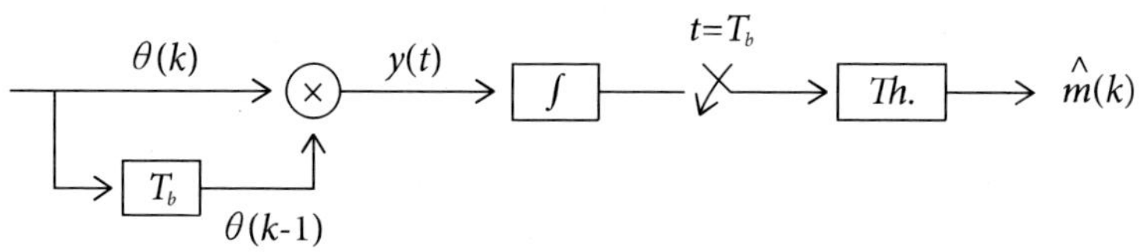


**그림 9.9** 차동 부호화에 대한 복조

만약 $\theta(k)=\theta(k-1)$이면 $y(t)$는 $y(t)=A^2\cos^2 2\pi f_c t$가 되고 이 경우 최종 복조된 부호는 $\widehat{m}(k)=1$이 됩니다. 반면에 $\theta(k)\neq\theta(k-1)$이면 $y(t)=-A^2\cos^2 2\pi f_c t$이고 $\widehat{m}(k)=0$이 됩니다. 위 $\theta(k)$가 오류 없이 수신된 경우 복조의 예는 다음과 같습니다.

| | | | | | | | | | | | |
|---|---|---|---|---|---|---|---|---|---|---|---|
| $\theta(k)$ | 0 | 0 | 0 | $\pi$ | $\pi$ | 0 | 0 | 0 | $\pi$ | 0 | 0 |
| $\widehat{m}(k)$ | | 1 | 1 | 0 | 1 | 0 | 1 | 1 | 0 | 0 | 1 |

이러한 변조 기법을 차동 위상편이 키잉(differential phase shift keying: DPSK)이라고 합니다. 복잡한 반송파 복원 회로가 단지 비트 간격 $T_b$에

해당하는 지연 소자로 대체되었음을 알 수 있습니다. 따라서 이 차동 위상편이 키잉의 장점은 간단한 구현에 있습니다. 그러나 이에 따른 대가는 바로 성능 열화입니다. 실제 송신되는 위상이 자기 자신의 비트에만 영향을 받는 것이 아니라 그 앞뒤 비트들에도 영향을 받습니다. 따라서 한 비트에서 오류가 발생하면 그 비트만 영향을 받는 것이 아니라 연속적인 여러 비트에 오류가 발생합니다. 바로 오류전파(error propagation)가 발생하여 성능이 떨어집니다.

끝으로 기본적인 2진 디지털 변조 방식을 비교하여 정리하겠습니다.

우선 성능이 가장 좋은 것은 위상 반전 키잉입니다. 그리고 성능이 가장 나쁜 것은 비동기 복조를 하는 온오프 키잉과 주파수 키잉입니다. 정합 필터를 이용한 동기 복조의 경우 위상 반전 키잉과 주파수 편이 키잉 혹은 온오프 키잉 사이의 성능차이는 3dB입니다. 주파수 편이 키잉과 온오프 키잉에서 동기와 비동기 복조 사이의 성능차이는 오류확률이 $10^{-4}$ 이하일 때 1dB 미만입니다. 그리고 위상 편이 키잉은 비동기 복조가 불가능합니다. 따라서 반송파 복원의 어려움을 줄이기 위하여 차동 위상편이 키잉을 할 수 있습니다. 위상 편이 키잉과 차동 위상편이 키잉 사이의 성능차이도 역시 $10^{-4}$이하의 오류확률에서 1dB 미만입니다. 위상 편이 키잉과 동기 온오프 키잉 혹은 동기 주파수 키잉과의 성능차이가 3dB이므로 차동 위상 키잉과 동기 온오프 키잉 사이의 성능차이는 2dB입니다. 그러므로 성능 순으로 보면 가장 우수한 변조 방식이 위상 편이 키잉이며 이어서 차동 위상편이 키잉, 동기 온오프 키잉 및 직교 주파수 편이 키잉, 그리고 마지막으로 비동기 온오프 키잉 및 직교 주파수 키잉입니다.

제10장

# 대역폭 효율적인 변조

## 1. M진 신호

예전에는 가장 만들기 쉽고 처리하기 쉽다는 이유로 기저대역이나 변조 신호 모두 2진 신호를 사용하였습니다. 그러나 기술이 발전하면서 구현이나 처리의 용이성보다 통신 자원의 효율적인 이용이 더 중요해졌습니다. 현재 가장 중요한 통신 자원의 하나는 대역폭입니다. 통신채널의 대역폭이 넓으면 넓을수록 더 많은 가입자를 모을 수 있습니다. 이동통신 사업자들이 좀 더 넓은 대역폭을 차지하기 위하여 서로 경쟁하는 것만 봐도 잘 알 수 있습니다. 채널의 대역폭이 넓을수록 효율적인 것과 반대로 신호의 대역폭은 좁을수록 더 효율적입니다. 동일한 채널을 통해 더 많은 신호를 전송할 수 있기 때문입니다.

신호의 대역폭을 줄이는 방법은 2진 신호가 아니라 M진(M-ary) 신호를 사용하는 것입니다. M=2인 경우가 2진 신호이므로 일반적으로 M진이라면 M〉2입니다. 2진 신호는 하나의 심벌이 하나의 비트입니다. 즉 심벌과 비트가 같습니다. 그러나 예를 들어 4진 신호는 하나의 심벌이 4개의 경우를 나타낼 수 있으므로 2비트에 해당합니다. 따라서 M진 신호에서 하나의 심벌은 $\log_2 M$비트에 해당합니다. M진 신호의 심벌 간격 $T_s$는 2진 신호의 심벌 간격에 해당하는 비트 간격 $T_b$의 $\log_2 M$배가 됩니다. 결국 펄스폭이 넓어지면 대역폭은 줄어듭니다. 예를 들어 4진 신호를 사용하면 2진 신호에 비해 대역폭이 반으로 줄어드는 효과를 얻을 수 있습니다. 그러므로 대역폭 효율을 높이기 위해서는 더 이상 2진 신호가 아닌 M진 신호가 필요하고, M이 크면 클수록 대역폭 효율을 더 증가시킬 수 있습니다.

그럼 대역폭 효율의 증가에 대해 치러야 할 대가는 무엇일까요? 바로 잡음 여유도의 감소입니다. 우리가 처리할 수 있는 신호의 범위는 전원 전압에 의해 제한됩니다. 예를 들어 전원 전압이 6V이면 0~6V 내의 신호만 처리할 수 있고 그 외의 신호는 처리할 수 없습니다. 이 경우 2진 신호는 0V와 6V의 두 레벨을 사용하며 잡음 여유도는 3V입니다. 즉 수신 신호가 문턱 값인 3V보다 크면 6V가 전송된 것으로 판단하고 그렇지 않으면 0V가 전송된 것으로 판단합니다. 같은 이유로 3진 신호의 경우에는 0V, 3V, 6V를 사용하고 잡음 여유도는 1.5V로 줄어듭니다. 마찬가지로 4진 신호의 경우는 0V, 2V, 4V, 6V를 사용하며 잡음 여유도는 1V로 더욱 줄어듭니다. 결국 잡음 여유도의 감소를 받아들이는 대신에 대역폭이 줄어드는 효과를 얻을 수 있습니다. 예전에는 잡음의 효과를 줄이는 것이 최고의 목표였기 때문에 2진 신호를 선호하였습니다. 그러나 오류정정부호와 같은 기술의 발전으로 잡음의 영향을 급격히 줄일 수 있게 되면서, 현재는 잡음보다는 대역폭 효율을 증가시킬 수 있는 M진 신호로 공학적인 관심이 이동하고 있습니다.

대역폭 효율적인 변조는 바로 M진 변조입니다. 2진 변조에서와 마찬가지로 각각 반송파의 진폭, 주파수 및 위상을 M진 변조할 수 있습니다. 그러나 M진이 되면 잡음에 취약해집니다. 2진 변조에서도 진폭 및 주파수 변조는 위상 변조에 비해 잡음 성능이 떨어집니다. 따라서 M진 진폭 및 주파수 편이 키잉은 공학적으로 고려 대상이 되기 어렵습니다. 그럼 위상을 M진 변조한 M진 위상 편이 키잉(M-ary PSK: MPSK)이 있습니다. 2진 PSK인 위상 반전 키잉의 경우 0°와 180°의 두 위상을 사용합니다. 이 경우 0°가 전송되었다면 수신 신호의 위상이 -90°~+90°이면 오류 없이 바른 판단을 할 수 있습니다. 즉 위상의 관점에서 잡음 여유도는 90°입니다. 같은 이유로 4진 PSK이면 0°, 90°, 180°, 270°의 위상을 사용하여 인접 심벌 간 위상차가 90°가 되어 잡음 여유도가 45°로 줄어듭니다. 마찬가지로 8진 PSK는 인접 심벌 간의 위상차가 45°, 잡음 여유도가 22.5°로 더욱 감소합니다. 따라서 M값이 커지면 커질수록 잡음 여유도가 급격히 줄어듭니다. 8진 PSK만 되어도 매우 강력한 오류정정부호가 없으면 현실적으로 응용하기 어렵습니다. 위상 편이 키잉은 진폭이 일정해야 하는 제약이 있기 때문입니다. 그림 10.1과 같은 8진 PSK의 신호 성상도(signal constellation)에서 각 심벌에 해당하는 점은 동일 원주상에 있어야 합니다. 따라서 M값이 증가할수록 성능이 급격히 감소할 것을 예상할 수 있습니다. 이 8진 PSK 신호는 심벌 간격 내에서 다음과 같은 8개 신호 중 하나가 됩니다.

$$s_i(t) = A\cos(2\pi f_c t + \frac{\pi}{4} i), \quad i = 0, 1, 2, \cdots, 7 \tag{10.1}$$

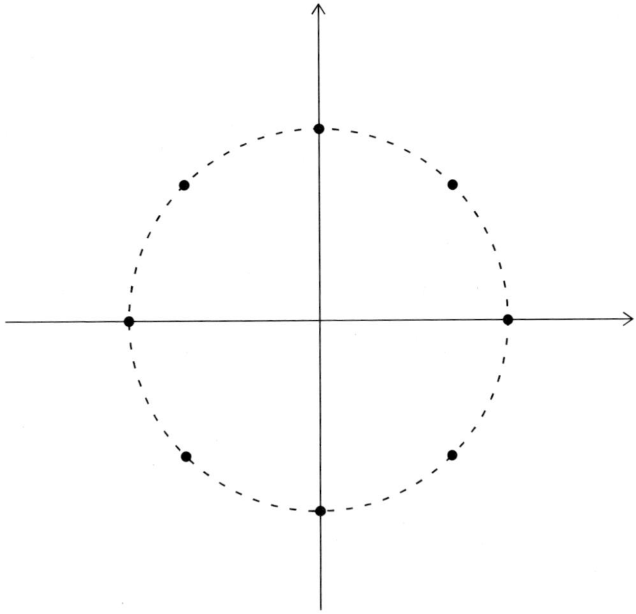

**그림 10.1** 8진 PSK의 신호 성상도

그렇다면 진폭이 일정해야 한다는 제약을 없애면 성능을 향상시킬 수 있을 것으로 기대됩니다.

위상과 진폭 모두에 메시지 정보가 실리는 방법은 다음과 같습니다. $\cos 2\pi f_c t$와 $\sin 2\pi f_c t$는 동일한 주파수 $f_c$를 가지는 직교 반송파 신호입니다. 이 직교 반송파에 각각 진폭 변조를 적용하여 더하면 다음과 같이 진폭 및 위상 변조가 된 신호를 얻을 수 있습니다.

$$
\begin{aligned}
s(t) &= m_I(t)\cos 2\pi f_c t + m_Q(t)\sin 2\pi f_c t \\
&= A(t)\cos\left[2\pi f_c t + \theta(t)\right]
\end{aligned}
\tag{10.2}
$$

$$A(t) = \sqrt{m_I^2(t) + m_Q^2(t)} \tag{10.3}$$

$$\theta(t) = \tan^{-1}\frac{m_Q(t)}{m_I(t)} \tag{10.4}$$

이 변조 방식을 서로 직교하는 두 반송파를 진폭 변조하였다 하여 직교 진폭 변조(quadrature amplitude modulation: QAM)라 합니다. 예를 들어 16진 직교 진폭 변조(16QAM)의 신호 성상도는 다음과 같습니다.

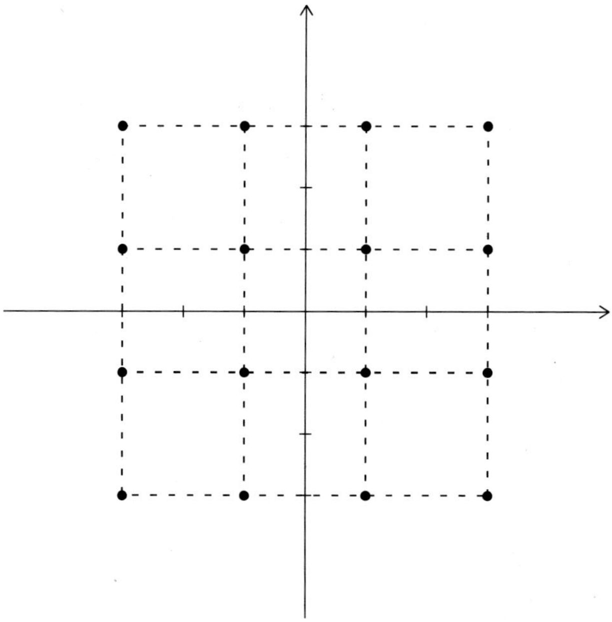

**그림 10.2** 16진 QAM의 신호 성상도

이 성상도를 보면 세로축에 평행한 레벨에서 가로축의 레벨이 일정한 곳에 모두 4개의 레벨이 있음을 알 수 있습니다. 이는 고정된 $m_I(t)$에서 변할 수 있는 $m_Q(t)$의 레벨의 수가 모두 4라는 뜻입니다. 이런 $m_I(t)$도 역시 4개의 레벨이 가능하므로 하나의 심벌은 모두 16개 중 하나입니다. 그림에서 위상뿐만 아니라 진폭도 변조됨을 알 수 있습니다.

지금까지 반송파는 $f_c$ 하나의 주파수만 가지는 단일 반송파(single carrier) 변조만 고려하였습니다. 위상과 진폭뿐만 아니라 주파수도 여러 주파수를 사용하는 다중 반송파(multi-carrier) 변조는 나중에 살펴보겠습니다.

## 2. 4진 혹은 직교 PSK(QPSK)

M진 변조 중 가장 간단한 방식이 4진 위상 편이 키잉(quaternary phase shift keying: QPSK)입니다. 이는 각각 $\cos 2\pi f_c t$와 $\sin 2\pi f_c t$를 반송파로 하여 위상 반전 키잉한 것을 합한 것과 같기 때문에 직교 위상 편이 키잉(quadrature phase shift keying: QPSK)이라고도 합니다. 단어는 다르지만 약어는 모두 QPSK로 동일합니다.

QPSK의 변조기는 다음과 같습니다.

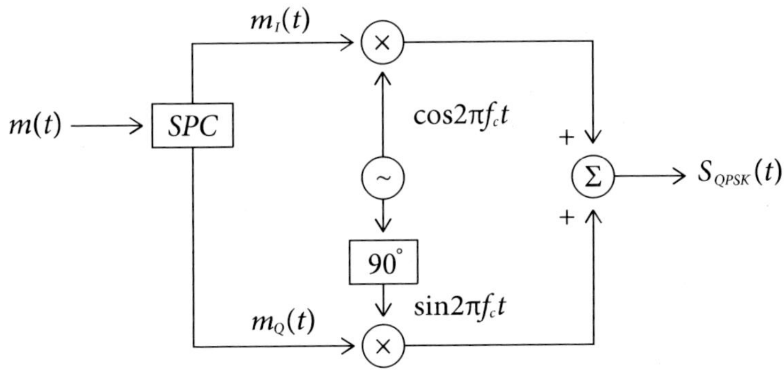


그림 10.3 QPSK 변조기

두 개의 PRK 변조기가 병렬로 결합된 것으로 보입니다.

따라서 QPSK 신호 $s_{QPSK}(t)$는 다음과 같습니다.

$$s_{QPSK}(t) = m_I(t)\cos 2\pi f_c t + m_Q(t)\sin 2\pi f_c t \qquad (10.5)$$

여기서 $m(t)$는 2진 메시지 신호로, ±1의 값을 가집니다. 그리고 $m_I(t)$와 $m_Q(t)$는 $m(t)$를 직병렬 변환(serial-to-parallel converter: SPC)하여 얻은 데이터 열입니다. $\cos 2\pi f_c t$로 $m_I(t)$를 위상 반전 키잉하는 경로를 동위상(in-phase: I) 채널이라 하고 $\sin 2\pi f_c t$로 $m_Q(t)$를 위상 반전 키잉하는 경로를 직교 위상(quadrature: Q) 채널이라 합니다. 이들 사이의 관계를 나타내는 간단한 예가 다음 그림에 있습니다.

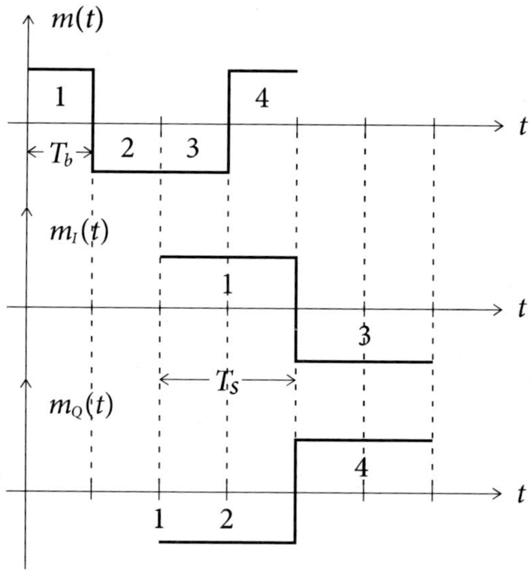


**그림 10.4** $m(t)$와 $m_I(t)$, $m_Q(t)$의 예

여기서 $T_b$는 비트 간격[sec]이고 $R_b = 1/T_b$은 비트율[bps]입니다. 그리고 $T_s = 2T_b$는 심벌 간격(symbol interval)[sec]이며 심벌률 $R_s$[symbols/sec]는 아래와 같습니다.

$$R_s = \frac{1}{T_s} = \frac{1}{2T_b} = \frac{R_b}{2} \tag{10.6}$$

만약 2개의 변조기 입력 비트가 $i$와 $j$일 때 가능한 4개의 QPSK 변조 신호 $s_{ij}(t)$는 $0 \le t \le T_s$에서 다음과 같습니다.

$$\begin{aligned} s_{00}(t) &= -A\cos 2\pi f_c t - A\sin 2\pi f_c t \\ &= \sqrt{2}A\cos(2\pi f_c t + 135^\circ) \end{aligned} \tag{10.7}$$

$$\begin{aligned} s_{01}(t) &= -A\cos 2\pi f_c t + A\sin 2\pi f_c t \\ &= \sqrt{2}A\cos(2\pi f_c t - 135^\circ) \end{aligned} \tag{10.8}$$

$$\begin{aligned} s_{10}(t) &= +A\cos 2\pi f_c t - A\sin 2\pi f_c t \\ &= \sqrt{2}A\cos(2\pi f_c t + 45^\circ) \end{aligned} \tag{10.9}$$

$$\begin{aligned} s_{11}(t) &= +A\cos 2\pi f_c t + A\sin 2\pi f_c t \\ &= \sqrt{2}A\cos(2\pi f_c t - 45^\circ) \end{aligned} \tag{10.10}$$

따라서 이 QPSK 신호 성상도는 다음과 같습니다.

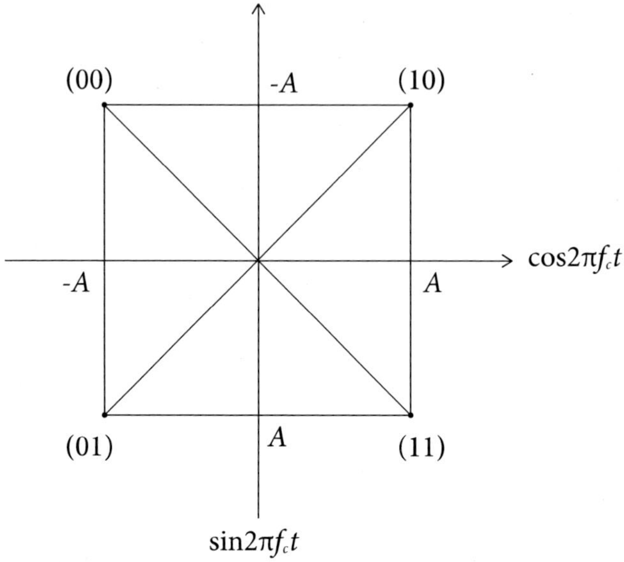


**그림 10.5** QPSK 신호 성상도

이 QPSK 변조 신호의 전력 스펙트럼은 다음과 같습니다.

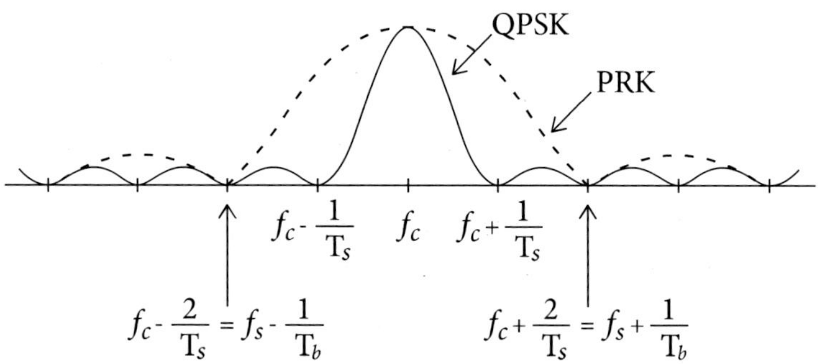


**그림 10.6** QPSK 신호 전력 스펙트럼

심벌 펄스의 폭 $T_s$는 비트 펄스의 폭 $T_b$의 2배입니다. 따라서 기대한 대로 주봉의 폭(main lobe width)이 $2/T_s$가 되어 PRK 주봉의 폭 $2/T_b = 4/T_s$에 비해 반으로 줄어듭니다.

변조기가 2개의 PRK 변조기의 결합으로 표시되므로 복조기도 다음과 같이 2개의 PRK 복조기의 결합으로 표시됩니다.

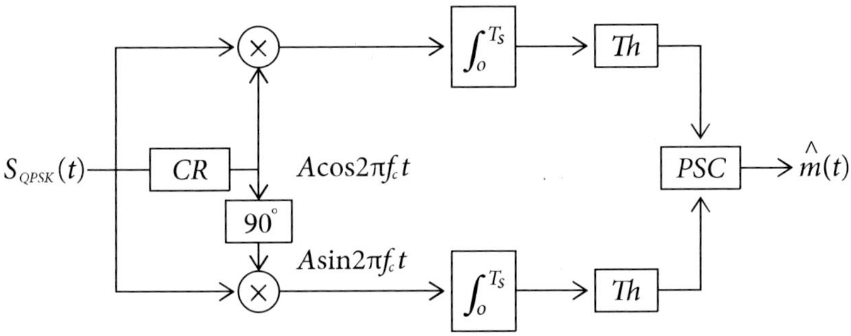


**그림 10.7** QPSK 복조기

여기서 PSC는 병직렬 변환기(parallel-to-serial converter)입니다. PRK 복조도 반드시 동기 검파가 필요하듯이 QPSK도 당연히 동기 검파를 하여야만 합니다.

QPSK에서는 심벌과 비트가 다르므로 오류도 심벌 오류와 비트 오류가 있습니다. 먼저 비트 오류확률(probability of bit error) 혹은 비트오율(bit error rate: BER) $P_B$를 구해 보겠습니다. 완벽하게 이론적으로 구하기 위해서는 상당한 수학이 필요하므로 여기서는 생략하고 그 대신 개념적으로 접근하겠습니다. 먼저 동 위상과 직교 위상 채널 신호는 서로 직교(orthogonal)합니다. 즉 두 신호는 전혀 관계가 없는 독립적인 신호입니다. 그러므로 QPSK

변복조기는 서로 독립적인 두 개의 PRK 변복조기와 같습니다. 변복조기의 수가 다르다고 오류확률이 달라지는 것은 아니므로 QPSK의 $P_B$는 PRK의 $P_B$와 동일합니다.

$$P_{B(\mathrm{QPSK})} = P_{B(PRK)} = Q\left(\frac{2E_b}{N_0}\right) \tag{10.11}$$

다음은 심벌 오류확률(probability of symbol error) 혹은 심벌오율(symbol error rate: SER) $P_S$입니다. 하나의 심벌은 두 개의 비트로 구성되므로 심벌 오류는 두 개의 비트가 모두 오류이거나 둘 중 하나의 비트가 오류인 경우 발생합니다.

$$\begin{aligned} P_S &= \mathrm{Pr}(\text{Both I and Q bit in error}) \\ &\quad + \mathrm{Pr}(\text{I bit in error and Q bit correct}) \\ &\quad + \mathrm{Pr}(\text{I bit correct and Q bit in error}) \\ &= P_B P_B + P_B(1-P_B) + (1-P_B)P_B \\ &= 2P_B - P_B^2 \end{aligned} \tag{10.12}$$

만약 $P_B \ll 1$이면 $P_B^2 \approx 0$으로 근사화할 수 있습니다.

$$P_S \approx 2P_B = 2\,Q\left(\sqrt{\frac{2E_b}{N_0}}\right) \tag{10.13}$$

PRK 변조에서는 심벌과 비트가 동일합니다. 따라서 심벌오율과 비트오율도 동일합니다. 심벌오율은 전체 심벌 중에서 오류가 발생한 심벌의 비율입니다. 심벌 오류는 대부분 2개의 비트 중 하나에서만 발생합니다. ($P_B^2 \approx 0$) 그러므로 QPSK 변조에서 심벌 오류 수는 비트 오류 수와 같은 것으로 볼 수 있습니다. 그러나 전체 심벌에서 하나의 심벌은 2비트에 해당합니다. 따라서 심벌 오류율은 PRK에 비해 두 배가 되는데, 오율을 구하는 분수에서 분모에 해당하는 전체 비트 수도 두 배가 됩니다. 그 결과 분모와 분자가 모두 2배가 되므로 PRK와 QPSK의 비트오율은 같아집니다.

### 3. 오프셋 직교 PSK(OQPSK)

QPSK는 비트오율에서는 PRK에 비해 전혀 손해를 보지 않으면서도 대역폭은 반으로 줄일 수 있는 아주 바람직한 변조 방식입니다. 이는 $\cos 2\pi f_c t$와 $\sin 2\pi f_c t$라는 서로 직교하는 두 반송파로 변조하기 때문입니다. 직교하는 두 신호는 전혀 관계없이 독립적으로 처리되므로 비록 같은 주파수를 사용하더라도 전혀 다른 신호와 같이 작동합니다. 따라서 두 신호를 합쳐 놓아도 왜곡이 전혀 없이 원 신호를 얻을 수 있습니다.

그러나 이 QPSK도 현실적인 문제가 있습니다. 현재 심벌에서 다음 심벌로 바뀔 때 발생 가능한 위상차는 0°, 90°, 180°로, 최대 위상차는 180°입니다. QPSK도 위상 편이 키잉이므로 진폭은 이론적으로 항상 $\sqrt{2}A$여야 합니다. 그러나 180° 위상차가 발생하면 그 순간 파형이 급격히 변하기 때문에 고주파 성분이 집중되어 있습니다. 그럼 채널이나 시스템의 필터링 효과에 의해 그 고주파 성분을 통과시키지 못합니다. 그러므로 항상 $\sqrt{2}A$의 일정한 진폭을 유지하지 못하고 짧은 시간 동안 $\sqrt{2}A$에서 0까지 내려

갔다가 다시 $\sqrt{2}A$로 복귀합니다. 즉 포락선 요동(envelope fluctuation) 현상이 발생합니다. 비트오율과 심벌 오류에서 $Q(\bullet)$함수 속에 있는 분자인 비트 에너지 $E_b$가 항상 일정하지 않고 줄어듭니다. 그러면 오류율이 증가하는 성능 열화가 발생합니다. 따라서 포락선 요동을 가능한 한 줄이는 것이 바람직합니다.

QPSK 성상도에서 보면 180° 위상차가 발생하는 경우에는 I비트와 Q비트가 동시에 바뀝니다. 00에서 11로 혹은 그 반대로 변하는 경우와, 01에서 10으로 혹은 그 반대로 변하는 경우입니다. QPSK의 성상도에서 대각선으로 표시된 경우입니다. 그렇다면 한 심벌에 해당하는 2비트가 동시에 변하지 않도록 하면 180° 위상차를 막을 수 있을 것으로 기대됩니다. 즉 QPSK 성상도에서 대각선을 제거하면 됩니다. 이와 같이 QPSK에서 180° 위상차를 피하기 위해 2비트가 동시에 변하지 않도록 한 변조 방식이 오프셋 직교 PSK(offset quadrature phase shift keying: OQPSK)입니다.

OQPSK의 변조기는 다음과 같습니다.

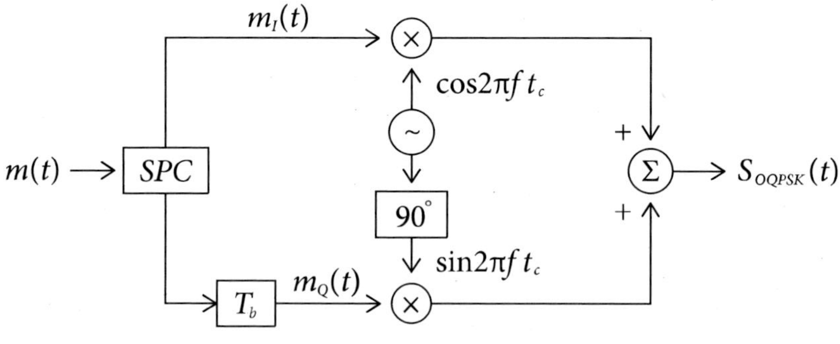


**그림 10.8** OQPSK 변조기

QPSK 변조기와 비교해 보면 Q채널에 비트 간격 $T_b$만큼의 오프셋 지연 소자(offset delay)가 추가되었을 뿐입니다.

QPSK에서 180° 위상차가 발생하는 심벌 10에서 01로 변하는 경우의 QPSK와 OQPSK의 $m_I(t)$와 $m_Q(t)$ 파형의 예를 보겠습니다.

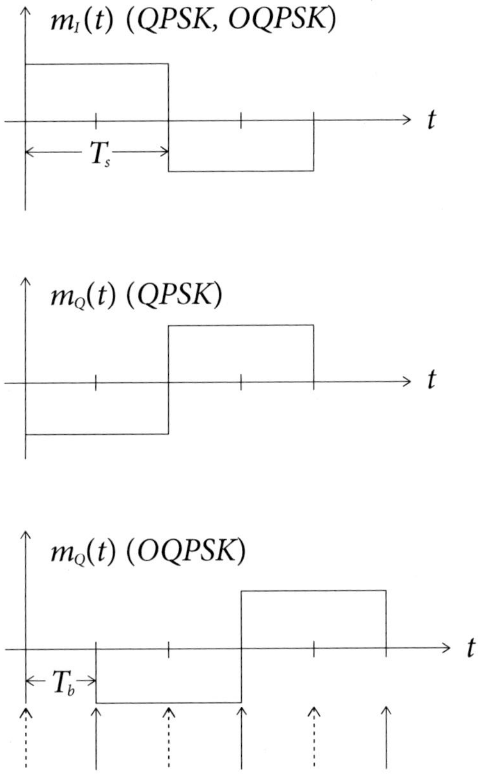


**그림 10.9** QPSK와 OQPSK의 파형

위 그림에서 점선 화살표로 표시된 곳이 QPSK와 OQPSK의 $m_I(t)$, 그리고 QPSK의 $m_Q(t)$가 변할 수 있는 시점입니다. 따라서 QPSK는 $m_I(t)$와 $m_Q(t)$가 동시에 변할 수 있습니다. 반면에 직선 화살표는 OQPSK의 $m_Q(t)$가 변할 수 있는 시점입니다. 오프셋 지연 $T_b$에 의해 OQPSK의 2비트는 동시에 변할 수 없으므로 180° 위상차를 피할 수 있습니다.

이 OQPSK의 성상도는 다음과 같습니다.

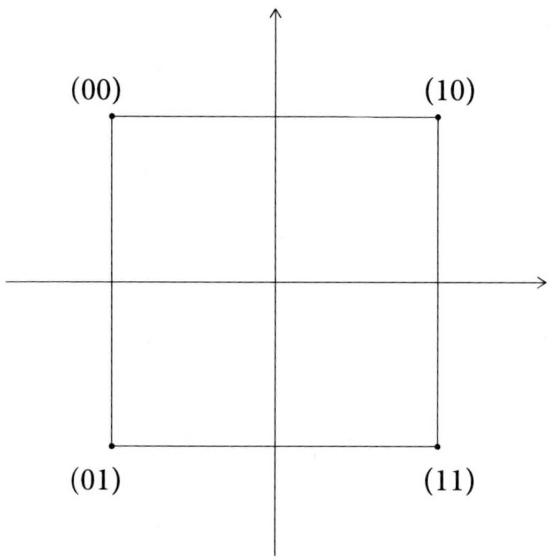


**그림 10.10** OQPSK 성상도

QPSK의 성상도에서 대각선이 없어진 것을 알 수 있습니다. 그럼 QPSK에서 180° 위상차가 생기는 10에서 01로 변하는 경우, OQPSK에서는 어떻게 변할까요? QPSK의 경우는 심벌 구간 $T_s$ 동안 (10)점에 있다가 다음 심벌이 시작되는 순간 바로 (01)점으로 갑니다. 그러나 OQPSK의 경우는 비트 구간 $T_b$ 동안 (10)점에 있다가 (00)이나 (11)로 갑니다. 그 시점에서

$T_b$ 동안 머무른 후 최종적으로 (10)으로 갑니다. 그러므로 10에서 시작하여 $T_s$시간 후에 10에 도달하는 것은 QPSK와 OQPSK 모두 마찬가지지만 OQPSK는 $T_b$ 후에 다른 심벌을 거쳐 $T_s$ 후에 10으로 갑니다. 따라서 최대 위상차는 180°에서 90°로 줄어듭니다. 그리고 진폭도 $\sqrt{2}A$에서 $A$까지 갔다가 다시 $\sqrt{2}A$가 되어 포락선 요동이 많이 줄어듭니다.

그리고 지연 소자만 추가되었기 때문에 스펙트럼의 모양이나 오류 성능은 QPSK와 동일합니다.

### 4. 최소 편이 키잉(MSK)

QPSK에서는 이론적으로 항상 진폭이 일정해야 하지만 현실적으로 I비트와 Q비트 모두 동시에 변하는 경우 180° 위상차가 발생하여 일시적으로 진폭이 0까지 내려가는 포락선 요동이 발생합니다. 따라서 OQPSK에서는 비트 간격 $T_b$에 해당하는 오프셋 지연을 도입하여 I비트와 Q비트가 변하는 시점을 서로 어긋나게 하여 최대 위상차를 90°로 줄여 포락선 요동을 많이 줄였습니다. 그러나 원래 일정 진폭의 약 70%까지 줄어드는 포락선 요동이 여전히 남아 있습니다. 그럼 이런 포락선 요동을 줄이는 것이 아니라 완전히 없앨 수는 없을까요? 그렇게 하려면 위상이 불연속적으로 점프가 일어나서는 안 되고 연속적으로 변해야 합니다. 즉 신호 성상도나 페이저도(phasor diagram)에서 항상 일정한 반지름을 가진 원주 상에서만 움직여야 합니다. 즉 연속 위상 변조(continuous phase modulation: CPM)가 됩니다. 여기서 다시 개념의 반전이 일어납니다. 연속이라는 단어에서도 암시하듯이 더 이상 이산적인 위상을 사용하지 않으므로 변조된 신호는 위상의 관점에서 디지털의 형태를 가지는 것이 아니라 아날로그의 형태를 가집니다. 디지털 변조에서 현실적인 문제를 해결하다 보니 다시 아날로그 변조로 돌아가는 상황입니다.

변조된 신호에서 불연속적인 위상은 기저대역 신호에서 진폭 혹은 포락선의 점프에 해당합니다. 위상 변조 신호는 기저대역 신호의 진폭에 비례하는 위상 값을 가지기 때문입니다. 기존의 4각 펄스를 사용하면 기저대역 신호 레벨이 변하는 경우 진폭의 점프가 발생하고, 이를 위상 변조하면 불연속적으로 위상이 변합니다. 따라서 기저대역 신호에서 어떤 경우에도 진폭이 연속적으로 변하도록 하면 변조된 신호의 위상도 연속적으로 변할 수 있습니다. 대표적인 신호가 3각 펄스(triangular pulse)입니다. 양극(bipolar) 3각 펄스를 사용하면 2진 부호가 바뀌어도 진폭의 점프가 일어나지 않습니다. 그러나 이 3각 펄스는 하나의 펄스 내에서 신호가 급격하게 변하기 때문에 고주파 성분이 집중되어 있습니다. 따라서 대역폭 효율적인 변조 방식으로는 적절하지 않습니다. 그 대안으로 하나의 펄스 내에서 신호가 사인파(sinusoid) 모양을 가지는 사인 펄스(sinusoidal pulse)가 있습니다. 하나의 4각 펄스 대신에 1/2 주기의 사인 펄스를 사용하면 2진 부호가 변하더라도 진폭의 점프가 일어나지 않습니다. 그리고 펄스의 모양은 급격히 변하지 않고 부드럽게 변하는 곡선입니다. 따라서 OQPSK 변조기에서 $m_I(t)$ 신호에 $\cos(\pi t/2T_b)$를 곱한 것을 I채널의 기저대역 등가(baseband-equivalent) 신호로 사용하고 $m_Q(t)$ 신호에는 $\sin(\pi t/2T_b)$를 곱하여 Q채널의 기저대역 등가 신호로 사용합니다. $m_I(t)$와 $m_Q(t)$가 $T_b$의 시간차를 가지는 것과 마찬가지로 $\cos(\pi t/2T_b)$와 $\sin(\pi t/2T_b)$도 $T_b$의 시간차, 즉 90°의 위상차를 가집니다. 그럼 이렇게 변조된 신호는 다음과 같습니다.

$$s(t) = m_I(t)\cos\frac{\pi t}{2T_b}\cos 2\pi f_c t + m_Q(t)\sin\frac{\pi t}{2T_b}\sin 2\pi f_c t \tag{10.14}$$

$m_I(t)$와 $m_Q(t)$는 양극 2진 신호를 사용하면 +1과 -1의 값을 가집니다. 따라서 $m_I(t) = m_Q(t) = +1$일 경우 변조된 신호는 다음과 같습니다.

$$\begin{aligned} s(t) &= \cos\frac{\pi t}{2T_b}\cos 2\pi f_c t + \sin\frac{\pi t}{2T_b}\sin 2\pi f_c t \\ &= +\cos 2\pi\left(f_c - \frac{1}{4T_b}\right)t \end{aligned} \tag{10.15}$$

같은 방식으로 나머지 세 경우의 변조된 신호는 다음과 같이 구할 수 있습니다.

$$s(t) = -\cos 2\pi\left(f_c - \frac{1}{4T_b}\right)t,\quad m_I(t) = m_Q(t) = -1 \tag{10.16}$$

$$s(t) = +\cos 2\pi\left(f_c + \frac{1}{4T_b}\right)t,\quad m_I(t) = +1,\ m_Q(t) = -1 \tag{10.17}$$

$$s(t) = -\cos 2\pi\left(f_c + \frac{1}{4T_b}\right)t,\quad m_I(t) = -1,\ m_Q(t) = +1 \tag{10.18}$$

위 식들에서 보면 변조된 신호는 $f_c \pm 1/4T_b$의 두 주파수를 가집니다. 즉 주파수 편이 키잉이 됩니다. 그리고 두 주파수의 차는 $\Delta f = 1/2T_b$입니다. 이는 바로 주파수 편이 키잉에서 구했던 최소 편이 키잉(MSK)에 해당합니다. 즉 연속적인 위상을 가지며 두 주파수의 차이가 최소인 직교 주파수 키잉과 사인 펄스를 사용한 오프셋 직교 위상 편이 키잉이 동일한 최소 편이 키잉입니다. 따라서 최소 편이 키잉은 다른 변조 방식과는 달리 매우 독특한 특성을 가진 디지털 변조 방식입니다.

이 최소 편이 키잉의 성상도 혹은 페이저도는 다음과 같습니다.

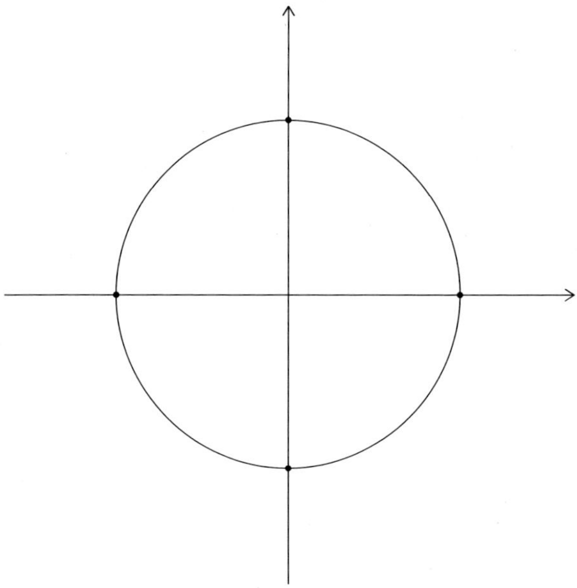

**그림 10.11** MSK의 성상도

$m_I(t) = m_Q(t)$이면 $\cos 2\pi f_c t$를 기준으로 각도는 일정한 속도로 감소합니다. 즉 페이저는 시계방향(clockwise: CW)으로 $\pi/2T_b$[rad/s]의 각속도(angular velocity)로 움직입니다. 반면에 $m_I(t) \neq m_Q(t)$이면 페이저는 반시

계방향(conuter clockwise: CCW)으로 동일한 속도로 움직이므로 각도는 증가합니다. 따라서 $T_b$ 시간 후에는 정확히 $\pi/2$[rad] 혹은 90°의 위상차를 가집니다. 그러므로 최소 편이 키잉에서는 I와 Q의 절대적인 값에 대응하는 위상이 있는 것이 아니라 2비트가 같으냐 다르냐에 따라 페이저의 이동 방향만 결정됩니다. 이 페이저를 자동차에 비유해 보면 페이저의 이동은 난폭 운전(violent drive)에 해당합니다. 즉 시동을 걸고 천천히 속도를 올리는 것이 아니라 바로 일정 속도로 운전합니다. 그리고 후진을 하는 경우에도 서서히 속도를 줄여 완전히 멈춘 후 후진 기어를 넣고 천천히 속도를 높이지 않고 정속 운행하다가 바로 후진으로 다시 정속 운행합니다. 언제나 동일한 속도로만 운행하므로 승객에게는 매우 공포를 주는 난폭 운전입니다. 난폭 운전은 인간에게도 그렇지만 변조의 관점에서도 바람직하지 않아 이를 완화한 방식이 차후에 소개됩니다.

그럼 OQPSK에서 4각 펄스 대신에 사인 펄스를 사용하여 연속 위상 변조 신호인 MSK 신호를 얻으면서 거둘 수 있는 효과는 무엇일까요? 앞서 FSK에서 살펴보았듯이 MSK 주 로브(main lobe)의 폭은 $1.5/T_b$입니다. 2진 PSK인 위상 반전 키잉의 경우는 $2/T_b$이며, QPSK나 OQPSK의 경우는 $2/T_s=1/T_b$입니다. 따라서 MSK는 QPSK나 OQPSK에 비해 50% 더 넓은 주 로브를 가집니다. 이는 4각 펄스에 비해 사인 펄스의 폭이 상대적으로 좁아졌기 때문입니다. 반면에 펄스의 모양은 훨씬 부드러워졌기 때문에 사이드 로브(side lobe)는 급격히 빨리 감소합니다. 그러므로 디지털 신호의 대역폭으로 적절한 개념인 유효 대역폭(effective bandwidth)이 매우 감소하는 효과를 얻습니다. 다음 표에서 대역폭을 비교하였습니다.

[표 10.1] 대역폭 비교

| Bandwidth | QPSK/OQPSK | MSK |
|---|---|---|
| -3dB | $\frac{0.44}{T_b}$ | $\frac{0.59}{T_b}$ |
| -50dB | $\frac{100}{T_b}$ | $\frac{8.18}{T_b}$ |
| 99% power | $\frac{10.3}{T_b}$ | $\frac{1.17}{T_b}$ |

주 로브에 해당하는 -3dB 대역폭은 MSK가 QPSK/OQPSK에 비해 약 50% 증가함을 알 수 있습니다. 그러나 사이드 로브에 해당하는 -50dB 대역폭이나 전체 전력의 99%를 포함하는 유효 대역폭은 MSK가 QPSK/OQPSK의 약 1/10에 지나지 않습니다. 따라서 연속적인 위상으로 말미암아 신호의 대역폭이 줄어드는 바람직한 효과를 얻을 수 있습니다.

오류성능 면에서는 동기 검파, 즉 정합 필터를 사용하면 MSK나 QPSK/OQPSK 모두 동일합니다. 전술한 바와 같이 정합 필터는 신호에 의존적인 시스템이어서 신호가 변하더라도 성능의 변화가 없기 때문입니다. 그러나 MSK는 연속 위상 FSK(continuous phase frequency shift keying: CPFSK)의 특이한 경우로 볼 수 있으므로 주파수 변조기로 MSK 신호를 얻으면 다른 FSK와 마찬가지로 비동기 검파도 가능합니다.

MSK는 매우 독특한 방식이므로 다른 변조 방식으로 넘어가기 전에 그 특성을 한번 요약해 보겠습니다.

먼저 최소 주파수 편이를 가진 연속 위상 직교 주파수 편이 키잉입니다.

또한 4각 펄스가 아니고 사인 펄스를 사용한 오프셋 직교 위상 편이 키잉입니다. 따라서 항상 일정한 진폭을 가지며 이론적으로는 물론 현실적으로도 포락선 요동이 없습니다. 주파수 스펙트럼에서 주 로브는 QPSK/OQPSK에 비해 50% 더 넓습니다. 그러나 사이드 로브는 급격하게 빨리 감소하여 유효 대역폭이 거의 1/10 수준으로 줄어듭니다. 위상 편이 키잉과 주파수 편이 키잉 두 변조 방식의 특성을 가지고 있으므로 동기 검파는 물론 비동기 검파도 가능합니다.

### 5. 위상 궤적

QPSK, OQPSK와 MSK의 차이를 좀 더 명확히 보이기 위해 **100111**의 비트 열에 대한 위상 궤적(phase trajectory)을 비교해 보겠습니다.

위상 궤적을 좀 더 쉽게 얻기 위해 QPSK와 OQPSK는 그림 10.12의 성상도를 이용합니다.

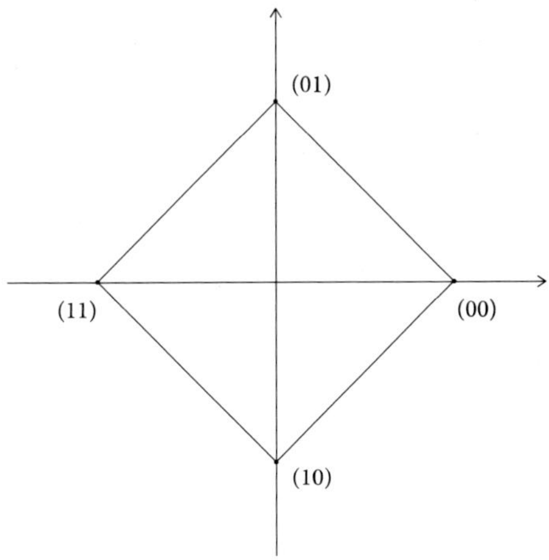


**그림 10.12** QPSK/OQPSK 성상도

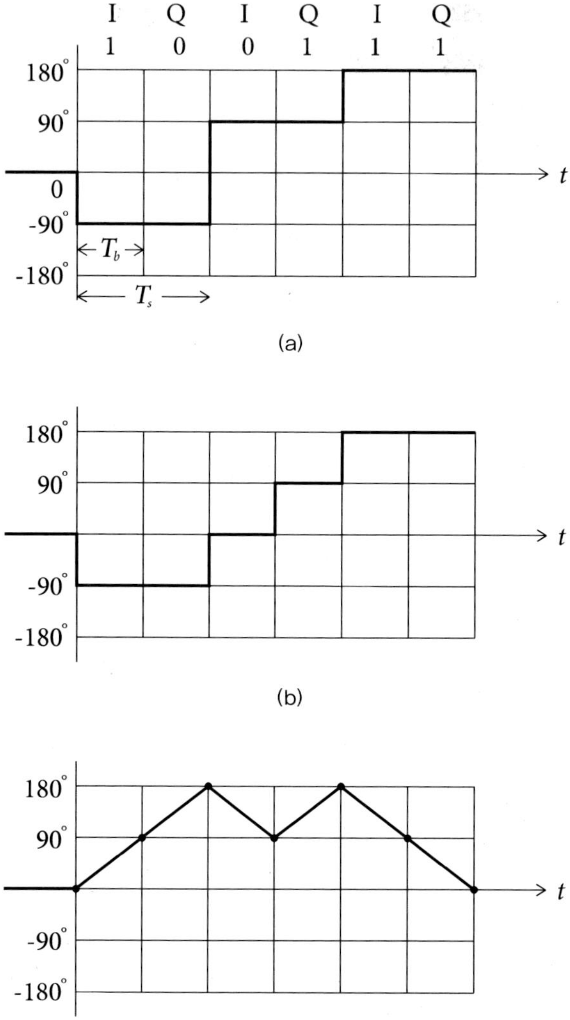


**그림 10.13** 위상 궤적 비교

(a) QPSK (b) OQPSK (c) MSK

위상 궤적 비교 그림에서 보면 QPSK의 경우 (IQ)=(10)에서 (01)로 변하는 순간 180° 위상차가 발생합니다. OQPSK의 경우 (IQ)=(00)에서 시작하면 첫 비트인 1에 의해 I비트가 변하므로 첫 비트 구간 동안 (IQ)=(10)이 됩니다. 두 번째 비트인 0에 의해 Q비트가 변하므로 두 번째 비트 구간 동안은 그대로 (IQ)=(10)입니다. 같은 방식으로 I비트와 Q비트가 번갈아 변하면 모두 6개의 비트 구간 동안 (10)(10)(00)(01)(11)(11)의 순서로 비트 열이 변합니다. 따라서 I비트와 Q비트가 동시에 변하지 않으므로 위상차가 90°로 감소함을 알 수 있습니다. MSK에서는 I비트와 Q비트의 값에 의해서가 아니라 2비트의 같고 다름에 따라 비트 구간 동안 위상이 계속 변합니다. 즉, I=Q이면 위상이 감소하고 I≠Q이면 위상이 증가합니다. 그리고 각 비트 구간에서 I비트와 Q비트는 OQPSK의 경우와 동일합니다.

## 6. 가우스 최소 편이 키잉(GMSK)

OQPSK에서 90°까지 위상이 점프하는 것을 연속적으로 변하게 하면 유효 대역폭이 줄어드는 효과를 얻을 수 있습니다. 그러나 연속 위상 변조인 MSK도 여전히 주파수는 불연속적입니다. 즉 $f_c \pm 1/4T_b$의 두 주파수만 이용합니다. 진폭과는 달리 주파수와 위상은 전혀 독립적인 파라미터가 아닙니다. 주파수와 위상이 함께 각(angle)을 결정합니다. 그리고 주파수와 각속도는 동일한 파라미터입니다. 즉 주파수가 $f$[Hz]이면 각속도는 $2\pi f$ [rad/s]입니다. 따라서 위상을 미분하면 주파수 혹은 각속도가 되고 반대로 주파수를 적분하면 위상이 됩니다. 그렇다면 MSK에서 이산적인 위상을 연속적으로 만들어서 유효 대역폭의 감소 효과를 얻었다면 여전히 이산적인 주파수도 연속적으로 만들면 같은 효과를 얻을 수 있을 것으로 기대할 수 있습니다. MSK에서는 사인 펄스를 위상 변조하여 연속적인 위상을 얻었습니다. 이번에는 4각 펄스를 저역 통과 필터를 통과시킨 후 주파수 변조를 하여 연속적인 주파수를 얻습니다. 여기에서 또 반전이 일어납니다. 우선 저역 통과 필터를 사용하면 신호에 왜곡이 발생합니다. 즉 심벌 간 간섭(inter-symbol interference: ISI)이 생깁니다. 언제나 피해야 할 왜곡을 고의로 만듭니다. 표본화 과정에서 안티 에일리어싱 필터를 사용하여 아날로그 신호의 고주파 성분을 미리 제거하거나, 부분 응답 신호를 사용하여 미리 조절 가능한 심벌 간 간섭을 삽입하는 것과 마찬가지입니다. 또한 저역 통과한 4각 펄스는 더 이상 디지털 신호가 아니라 아날로그 신호가 됩니다. 결국 아날로그 신호를 주파수 변조함으로써 주파수는 연속적으로 변합니다. 지금 디지털 변조를 고려하고 있는데 현실적인 대안을 마련하다 보니 아날로그 변조로 다시 돌아오게 된 것입니다.

그럼 어떤 저역 통과 필터가 좋을까요? 바로 임펄스 응답과 전달 함수가 모두 가우스 확률 밀도 함수의 형태를 가지는 가우스 저역 통과 필터(Gaussian low pass filter)가 좋습니다. 가우스 저역 통과된 펄스는 시간과 주파수 모두 다른 펄스들에 비해 상대적으로 좁은 폭을 가집니다. 물론 -3dB 대역폭에 반비례하여 펄스폭이 결정됩니다. 그러나 가우스 확률 밀도 함수가 종 모양(bell shape)을 가지므로 상대적으로 시간과 주파수 모두 좁은 폭을 가집니다. 이 가우스 저역 통과 필터의 임펄스 응답 $h_G(t)$와 전달 함수 $H_G(f)$는 다음과 같습니다.

$$h_G(t) = \sqrt{\frac{2\pi}{\ln 2}}\, B \exp\left[-\frac{2\pi^2 B^2}{\ln 2} t^2\right] \tag{10.19}$$

$$H_G(f) = \exp\left[-\frac{\ln 2}{2}\left(\frac{f}{B}\right)^2\right] \tag{10.20}$$

여기서 $B$는 −3dB 대역폭입니다. 그리고 −3dB 대역폭 $B$와 비트 간격 $T_b$의 곱인 $BT_b$를 정규 대역폭(normalized bandwidth)이라 합니다. 임펄스 응답과 전달 함수 모두 가우스 확률 밀도 함수의 형태임을 알 수 있습니다.

이 변조 방식을 가우스 최소 편이 키잉(Gaussian minimum shift keying: GMSK)이라 합니다.

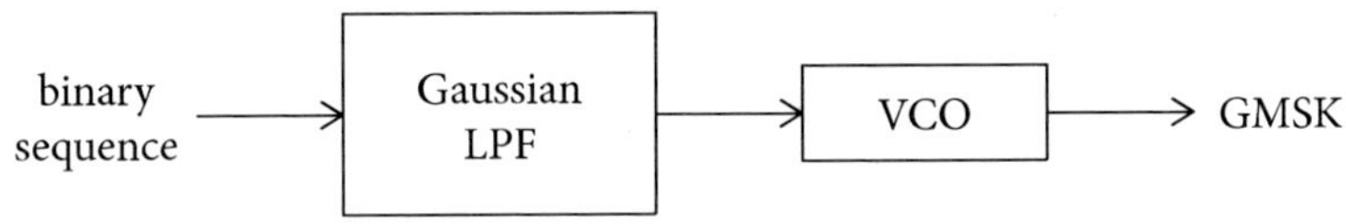


**그림 10.14** 가우스 최소 편이 키잉 변조

먼저 4각 펄스로 만든 2진 열을 가우스 저역 통과 필터의 입력에다 가하고 그 출력을 주파수 변조합니다. 그림에서 전압 제어 발진기(voltage-controlled oscillator: VCO)는 직접적인 방식의 주파수 변조기로, 최소 편이 키잉 변조기가 되어야 합니다. 즉, 2진 4각 펄스를 가했을 때 그 두 주파수 출력이 $f_c + 1/4T_b$과 $f_c - 1/4T_b$가 되어야 합니다.

일반적인 필터와 마찬가지로 가우스 저역 필터의 출력도 정규 대역폭 $BT_b$에 따라 그 모양이 결정됩니다. 정규 대역폭이 좁을수록 출력 신호의 대역폭은 줄어들지만 반대로 왜곡, 즉 심벌 간 간섭(ISI)은 증가합니다. 예전 디지털 휴대전화 중 GSM(global standard for mobile) 표준에는 $BT_b = 0.3$인 가우스 최소 편이 키잉을 채택하였습니다.

MSK와 GMSK의 위상 궤적을 비교하면 다음과 같습니다.

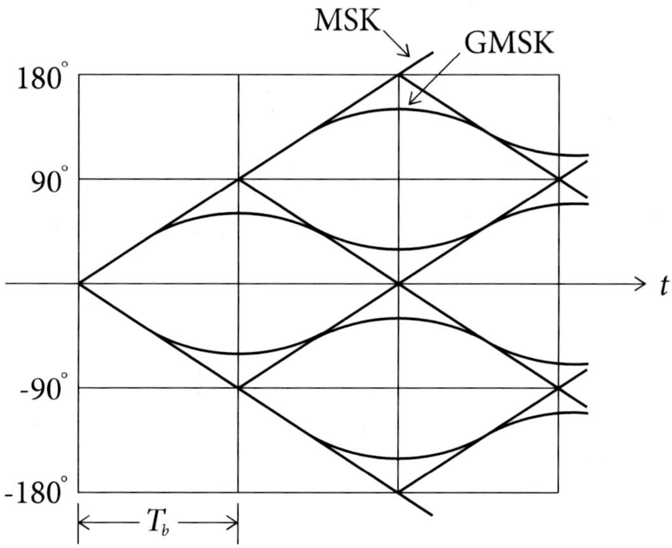


**그림 10.15** MSK와 GMSK 위상 궤적

MSK는 전진이나 후진이나 시작부터 항상 정속 운행을 합니다. 그러나 GMSK는 시동을 건 후 서서히 속도를 올립니다. 그리고 계속 전진을 하는 경우(같은 비트가 반복되는 경우)는 최고 속도를 유지합니다. 그러나 후진을 하는 경우(다른 비트가 나오는 경우)는 서서히 속도를 줄여서 완전히 정지한 후 다시 서서히 속도를 올려 후진을 합니다. 따라서 MSK가 난폭운전이라면 GMSK는 모범 운전(bset drive)에 해당한다고 볼 수 있습니다.

### 7. 다중 반송파 변조(MCM)

앞서 살펴본 대역폭 효율적인 변조 방식 중 M진 위상 편이 키잉(MPSK)은 위상 변조만 한 것입니다. 그래서 진폭이 일정하다는 조건 때문에 M값이 커지면 커질수록 잡음 여유도가 급격히 줄어드는 문제가 있습니다. 진폭이 일정해야 한다는 조건을 없앤 직교 진폭 변조(QAM)는 진폭과 위상 모두를 변조한 것입니다. 그러나 이는 여전히 주파수는 변조하지 않은 단일 반송파 변조(single carrier modulation: SCM) 방식입니다. 주파수까지 변조에 포함시키면 대역폭 효율을 더욱 높일 수 있을 것으로 기대됩니다. 이것이 바로 다중 반송파 변조(multi-carrier modulation: MCM)입니다. 여러 개의 반송파를 사용하고 각 반송파는 직교 진폭 변조하는 방식입니다. 선택되는 반송파는 대역폭 효율 증대라는 목표를 좀 더 잘 달성하기 위하여 서로 직교하는 주파수를 이용합니다.

대표적인 다중 반송파 변조 방식으로는 OFDM(orthogonal frequency division multiplexing), DMT(discrete multi-tone) 등이 있습니다. 동작 원리는 동일하고 주로 응용 분야에 따라 용어를 달리 사용합니다. DAB(digital audio broadcasting), DVB(digital video broadcasting), VOD(video on demand) 등 방송 분야에서는 OFDM을 사용합니다. 반면에 DMT는 ADSL(asymmetric digital subscriber line), HDSL(high bit rate digital subscriber line), xDSL(x-digital subscriber line) 등 디지털 가입자 선로에서 많이 쓰입니다.

이 다중 반송파 변조는 진폭, 주파수, 위상 등 반송파의 모든 파라미터를 이용하여 변조하므로 가장 진보된 대역폭 효율적인 방식으로, 현재 성능을 향상시키기 위해 전 세계적으로 많은 연구가 진행되고 있습니다.

제4부

# 정보이론이란 무엇이며 디지털통신과의 관계는?

제11장

# 섀넌의 정리

1948년에 미국의 벨 연구소(Bell lab.)에서 전자공학 역사상 획기적인 두 사건이 일어납니다. 하나는 윌리엄 쇼클리(William Shockley), 존 바딘(John Bardeen), 월터 브래튼(Walter Brattain) 등 3명의 과학자가 트랜지스터(transister)를 발명한 것입니다. 이 발명으로 이들은 이듬해 노벨상을 수상합니다. 그리고 다른 하나는 클로드 엘우드 섀넌(Claude Elwood Shannon) 박사가 *Bell Systems Technical Journal(BSTJ)*에 "A Mathematical Theory of Communication(통신의 수학이론)"이란 제목의 논문을 발표한 것입니다. 공교롭게도 같은 해, 같은 곳에서 일어난 이 두 사건은 아날로그 시대에서 디지털 시대로 바뀌는 도화선이 됩니다. 그리고 제일 먼저 디지털 시대로 바뀐 분야가 통신입니다. 바로 디지털통신의 시대가 도래한 것입니다.

섀넌 박사는 공저자도 없이 단독으로 70여 쪽 분량의 단 한 편의 논문을 썼는데, 거기에는 정보이론에 관한 모든 내용이 담겨 있었습니다. 그는 이 논문을 통해 전 세계 엔지니어들에게 정보이론이 논리적으로 아날로그통신에서 디지털통신으로 바뀌어야 한다고 역설하였습니다. 결국 정보이론은 디지털통신의 논리적인 배경이라 할 수 있습니다.

정보이론이란 우선 추상명사이자 셀 수 없는 명사인 정보를 완벽하게 수학적으로 정의하고 셀 수 있도록 정보량을 정의한 것입니다. 그리고 여전히 추상적인 개념인 정보량에 완벽하게 현실적인 공학적 개념을 부여한 것입니다. 그리고 덧붙여 통신의 가장 큰 문제점인 잡음에 대한 대책으로, 당시 아날로그통신에서 사용한 신호 전력의 증가가 아닌 새로운 대안을 제시한 것입니다. 신호 전력의 증가는 다시 잡음 전력의 증가를 가져오는 악순환을 초래합니다. 그러나 섀넌 박사는 디지털통신을 하면 신호 전력을 높이지 않아도 잡음의 영향을 임의로 줄일 수 있다고 밝혔습니다. 그야말로 모든 통신 엔지니어를 깜짝 놀라게 한 획기적인 이론이었습니다.

### 1. 정보량

정보이론의 시작과 끝은 섀넌 박사의 논문 "통신의 수학이론"입니다. 그러면 그 제목에서 언급한 통신이란 무엇일까요? 섀넌 박사는 가장 기본적인 이 질문부터 답을 시작합니다. 그는 통신을 '정보의 전달'로 정의하였습니다. 즉 정보가 있는 메시지의 전달은 통신이지만 정보가 없는 메시지의 전달은 통신이 아니라는 의미입니다. 그리고 예전에는 한 지점에서 다른 지점으로 전달하는 공간적인 전달만을 통신으로 보았지만, 지금은 데이터 통신이나 컴퓨터 통신의 발달로 정보의 저장과 재생 같은 시간적인 전달 역시 통신의 범주에 포함합니다.

통신이 '정보의 전달'이라면 그럼 '정보'는 무엇일까요? 여러분도 잘 아는 예로서 '개가 사람을 물었다.'와 '사람이 개를 물었다.'의 경우를 보겠습니다. 개가 사람을 무는 것은 흔히 일어나는 사건이라 특별한 경우를 제외하면 별다른 정보를 주지 않습니다. 그러나 사람이 개를 무는 것은 아주 희귀한 사건이므로 모든 사람에게 많은 정보를 줍니다. 바로 정보는 불확실성(uncertainty)이라고 볼 수 있습니다. 즉 그 사건이 불확실할수록 정보는 많아지고 확실할수록 정보는 줄어듭니다. 이와는 다른 예를 보겠습니다. 누가 '나는 오늘 아침에 세수를 했다.'라고 하는 경우와 '나는 오늘 아침에 세수를 하지 않았다.'라고 하는 경우를 봅시다. 누구나 매일 아침에 세수를 하므로 오늘도 세수를 했다는 것은 별 정보를 주지 않습니다. 그러나 항상 하는 세수를 오늘 아침에는 하지 않았다는 것은 사람들에게 궁금증을 유발하므로 많은 정보를 줍니다. 따라서 정보는 불규칙성(irregularity)이라고도 볼 수 있습니다. 규칙적으로 발생하는 사건은 정보가 없습니다. 바로 주기 신호는 정보가 전혀 없는 것과 같습니다. 반면에 불규칙적인 사건은 많은 정보를 가지고 있습니다.

그럼 정보량을 정의하려면 이런 불확실성과 불규칙성을 정량화해야 할 것입니다. 불확실성과 불규칙성의 정도를 나타내는 수학적인 파라미터는 바로 확률입니다. 즉 확률이 높을수록 사건은 더 확실하고 규칙적이어서 정보량은 줄어듭니다. 반대로 확률이 낮을수록 사건은 더 불확실하고 불규칙적이어서 정보량은 늘어납니다. 따라서 정보량은 확률에 반비례합니다. 이런 추론에 근거하여 섀넌 박사는 정보량을 다음과 같이 정의하였습니다. 즉, $P$가 어떤 사건의 발생확률이라고 할 때 여러분이 실제 그 사건이 발생했다는 소식을 들었다면 여러분이 받은 정보량 $I$는 다음과 같습니다.

$$I = \log_2 \frac{1}{P} \text{ [bits]} \qquad (11.1)$$

여기서 단위인 [bits]는 2진 디지트(binary digits)의 약자가 아니라 2진 정보단위(binary information units)의 약자입니다. 그래서 예전에는 2진 디지트의 약자인 [bits]와 구분하기 위해서 [binits]라는 단위를 쓰기도 했습니다. 처음에는 [bits]가 2진 디지트인지 2진 정보단위인지 혼동될 수도 있겠지만 곧 익숙해질 것으로 기대합니다.

위 식을 보면 우선 정보량이 확률에 반비례함을 알 수 있습니다. 그리고 그 반비례 관계는 대수(logarithm)로 연결되며 그 밑수(base)는 2입니다. 나중에 살펴보겠지만, 바로 이 점이 여전히 추상적인 개념인 정보량에다 완벽히 현실적이고 공학적인 의미를 부여합니다.

## 2. 엔트로피

위에서 정의한 정보량은 단일 사건에 관한 것입니다. 이를 여러 개의 심벌을 가진 일반 정보원으로 확대해 보겠습니다. $n$개의 심벌을 가진 정보원 $X$가 $P_i$의 확률을 가지는 심벌 $x_i$를 보냅니다. 예를 들어 영어의 알파벳이나 한국어의 자음과 모음을 생각하면 되겠습니다. 문제를 쉽게 하기 위하여 정보원 X는 그 심벌들의 확률이 서로 독립적(independent)인 무기억(memoryless) 정보원으로 가정하겠습니다. 이 경우 만약 $x_i$라는 심벌을 수신하면 받은 정보량 $I_i$는 다음과 같습니다.

$$I_i = \log_2 \frac{1}{P_i} \text{ [bits]} \qquad (11.2)$$

모두 $n$개의 심벌이 있으므로 하나의 심벌로 얻을 수 있는 평균 정보량 $H(X)$는 다음과 같습니다.

$$H(X) = \sum_{i=1}^{n} P_i I_i = \sum_{i=1}^{n} P_i \log_2 \frac{1}{P_i} \qquad (11.3)$$

이 심벌당 평균 정보량 $H(X)$는 다른 말로 '엔트로피(entropy)'라고 합니다. 정보이론에서 아주 자주 인용되는 용어입니다.

이 엔트로피는 다음과 같은 특성이 있습니다. 즉 $n$개의 심벌 조합, 즉 $X=\{x_1, x_2, \cdots, x_n\}$에 대해 항상 다음의 부등식이 성립합니다.

$$H(X) \leq \log_2 n \tag{11.4}$$

그리고 모든 심벌의 확률이 동일한 $P_i = 1/n$인 경우에만 등호가 성립합니다.

$H(X) - \log_2 n \leq 0$으로 위 특성을 증명해 보겠습니다.

$$\begin{aligned} H(X) - \log_2 n &= \sum_{i=1}^{n} P_i \log_2 \frac{1}{P_i} - \log_2 n \\ &= \sum_{i=1}^{n} P_i \log_2 \frac{1}{nP_i} \end{aligned} \tag{11.5}$$

$\sum_{i=1}^{n} P_i = 1$이므로 $\log_2 n = \sum_{i=1}^{n} P_i \log_2 n$입니다.

여기서 자연대수는 모든 $x$의 값에서 다음과 같은 특성이 있습니다.

$$\ln x \leq x - 1 \tag{11.6}$$

그리고 등호는 $x = 1$인 경우에만 성립합니다. $\ln x$와 $x-1$의 그래프에서 위 관계를 확인할 수 있습니다. 따라서 다음의 관계가 성립합니다.

$$\ln\frac{1}{nP_i} \leq \frac{1}{nP_i} - 1 \tag{11.7}$$

$$\sum_{i=1}^{n} P_i \ln\frac{1}{nP_i} \leq \sum_{i=1}^{n} P_i\left(\frac{1}{nP_i} - 1\right) \tag{11.8}$$

여기서 오른편 항은 다음과 같이 0이 됩니다.

$$\sum_{i=1}^{n} P_i \frac{1}{nP_i} - \sum_{i=1}^{n} P_i = \sum_{i=1}^{n} \frac{1}{n} - 1 = 1 - 1 = 0 \tag{11.9}$$

따라서 식 (11.8)은 다음과 같습니다.

$$\sum_{i=1}^{n} P_i \ln\frac{1}{nP_i} \leq 0 \tag{11.10}$$

$\ln x$와 $\log_2 x$의 관계는 다음과 같습니다.

$$\log_2 x = \frac{\ln x}{\ln 2} = 0.69314718056 \ln x \tag{11.11}$$

따라서 $\ln x$ 대신에 $\log_2 x$를 사용하여도 부등호의 방향은 변하지 않습니다.

$$\sum_{i=1}^{n} P_i \log_2\frac{1}{nP_i} \leq 0 \tag{11.12}$$

그러므로 식 (11.5)와 식 (11.12)에서 다음의 관계를 얻을 수 있습니다.

$$H(X) - \log_2 n \leq 0 \tag{11.13}$$

$$H(X) \leq \log_2 n \tag{11.14}$$

그리고 등호는 $\frac{1}{nP_i} = 1$인 경우에만 성립합니다. 즉 모든 $i$에 대해 $P_i = \frac{1}{n}$입니다.

위 엔트로피의 특성에서 두 가지 사실을 알 수 있습니다.

먼저 $n$개의 심벌 조합에서 얻을 수 있는 엔트로피의 최대값은 $\log_2 n$ [bits]입니다. 그리고 그 최대값은 모든 심벌의 발생확률이 $1/n$로 동일한 경우에만 가능합니다.

모든 심벌의 발생확률이 동일하면 가장 랜덤(random)한 상태가 되어 예측이 불가합니다. 그러면 불확실성이 최대가 되어 정보량, 즉 엔트로피도 최대가 됩니다. 불확실성이 최대가 될 때 최대가 되는 정보량은 가장 랜덤할 때 최대가 되는 엔트로피와 같은 특성을 가집니다. 따라서 통신과 관계없는 엔트로피라는 용어가 평균 정보량을 뜻하는 용어로 사용되었습니다.

가장 간단한 엔트로피의 예를 한번 살펴보겠습니다. 2개의 심벌만 가지는 2진 정보원(binary information source) $X$를 대상으로 합니다. $X = \{x_1, x_2\} = \{1, 0\}$이며 $P(1) = p$이고 $P(0) = 1 - p$입니다. 따라서 이 경우 엔트로피는 다음과 같습니다.

$$H(X) = p\log_2\frac{1}{p} + (1-p)\log_2\frac{1}{(1-p)} = H_b(p) \tag{11.15}$$

이런 2진 정보원의 엔트로피 $H_b(p)$는 단지 $p$만의 함수로 2진 엔트로피 함수(binary entropy function: BEF)라 하며 다음과 같이 $p=0.5$를 기준으로 대칭인 특성이 있습니다.

$$H_b(p) = H_b(1-p) \tag{11.16}$$

2진 엔트로피 함수의 그래프는 다음과 같습니다.

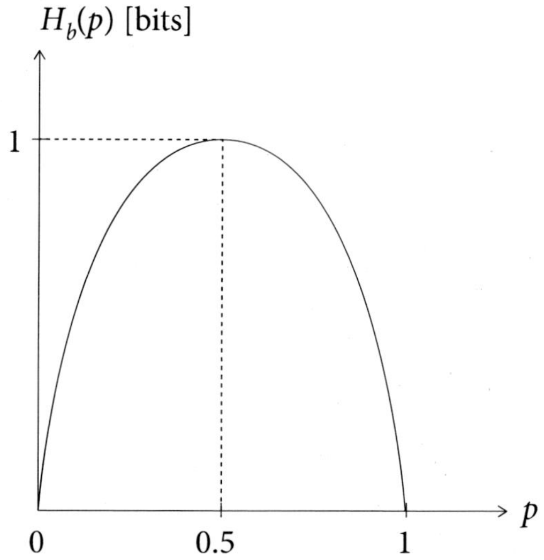


**그림 11.1** 2진 엔트로피 함수

$p=0.5$를 기준으로 대칭이며 2개의 심벌 확률이 동일한 경우, 즉 $P(1)=P(0)=0.5$인 경우 $H_b(0.5)=1$ [bit]로 최대가 됨을 확인할 수 있습니다.

### 3. 평균 부호어 길이

앞서 심벌당 평균 정보량으로 엔트로피를 정의하고 그 특성을 살펴봤습니다. 즉 $n$개의 모든 심벌 발생확률이 동일한 경우 $P_i = 1/n$, $I_i = \log_2 n$이 되어 최대 엔트로피 $H(X) = \log_2 n$[bits]의 정보량을 가집니다. 그러나 여전히 엔트로피는 추상적인 파라미터입니다. 이를 좀 더 구체적인 파라미터와 연관시켜 보겠습니다.

만약 $n$개의 심벌이 있으면 이를 부호화할 수 있는 비트 수는 $\log_2 n$[bits]입니다. 여기서 비트는 2진 디지트의 약자입니다. 그리고 이 2진 디지트의 수는 현실적이고 구체적인 파라미터입니다. 따라서 단위는 서로 다르지만 발생확률이 모두 동일한 심벌의 엔트로피와 그 심벌을 부호화할 수 있는 2진 디지트의 수는 동일합니다. 여기서 엔트로피와 2진 디지트의 수가 어떤 관계를 가질 것임을 짐작할 수 있습니다.

그럼 $n$개의 심벌들의 발생확률이 다를 경우는 어떨까요? $n = 4$인 경우의 예가 표 11.1에 있습니다.

[표 11.1] 4심벌 정보원의 예

| $x_i$ | $w_i$ | $l_i$ | $P_i$ |
|---|---|---|---|
| $x_1$ | 00 | 2 | 0.5 |
| $x_2$ | 01 | 2 | 0.25 |
| $x_3$ | 10 | 2 | 0.125 |
| $x_4$ | 11 | 2 | 0.125 |

$x_i$: symbol
$w_i$: codeword
$l_i$ : codeword length
$P_i$: probabilty

4개의 심벌을 나타낼 수 있는 2진 디지트의 수는 2비트입니다. 그리고 이 정보원의 엔트로피는 다음과 같이 1.75비트입니다.

$$H(X) = \sum_{i=1}^{4} P_i \log_2 \frac{1}{P_i} = 1.75 \tag{11.17}$$

모든 심벌의 확률이 동일한 경우와는 달리 2진 디지트의 수와 엔트로피가 다릅니다.

기존에는 구현과 처리에 편리하기 때문에 모든 심벌에 동일한 길이의 부호어를 할당하는 고정길이(fixed-length)부호를 사용하였습니다. 그러나 발상을 전환하여 심벌에 따라 서로 다른 길이의 부호어를 할당하는 가변길이(variable-length) 부호를 살펴보겠습니다. 앞의 예와 동일한 확률을 가지는 정보원에 적용한 가변길이 부호의 예가 표 11.2에 있습니다.

[표 11.2] 가변길이 부호의 예

| $x_i$ | $w_i$ | $l_i$ | $P_i$ |
|---|---|---|---|
| $x_1$ | 0 | 1 | 0.5 |
| $x_2$ | 10 | 2 | 0.25 |
| $x_3$ | 110 | 3 | 0.125 |
| $x_4$ | 111 | 3 | 0.125 |

확률은 이전의 고정길이 부호와 동일하므로 엔트로피는 1.75비트입니다. 그러나 이제는 각 부호의 길이가 다르므로 아래와 같은 평균 부호어 길이(average codeword length) $\overline{L}$의 정의가 필요합니다.

$$\overline{L} \equiv \sum_{i=1}^{n} P_i l_i \tag{11.18}$$

이 가변길이 부호의 평균 부호어 길이는 위 식에 의해 1.75비트입니다. 엔트로피와 평균 부호어 길이가 같습니다. 물론 고정길이 부호의 평균 부호어 길이는 당연히 고정길이와 같은 2비트입니다. 즉 고정길이 부호는 엔트로피보다 큰 부호어 길이를 가지지만 가변길이 부호는 그 길이가 엔트로피와 동일합니다.

여전히 엔트로피는 추상적인 파라미터지만 평균 부호어 길이는 현실적인 파라미터입니다. 같은 메시지를 표현하는 데 부호어 길이를 줄이면 줄일수록 좋습니다. 만약 전송을 한다면 전송시간을 줄일 수 있고 동일 메시지를 저장한다면 저장 장소를 줄일 수 있기 때문입니다. 공학적으로 평균 부호어 길이를 최소화하여야 합니다. 위 예에서 보면 통신의 관점에서는 고정길이 부호보다 가변길이 부호가 더 효율적일 수 있음을 알 수 있습니다.

### 4. 섀넌의 제1정리

전술한 바와 같이 가능한 한 평균 부호어 길이를 최소화하여야 합니다. 그럼 얼마까지 줄일 수 있을까요? 즉 주어진 정보원을 부호화할 때 그 평균 부호어 길이의 하한(lower limit)이 얼마일까요? 이 하한은 그 값 자체의 의미뿐만 아니라 주어진 부호가 얼마나 그 하한에 근접하는지를 보여 주는 척도로서도 중요한 의미가 있습니다. 이 평균 부호어 길이의 하한을 알려 주는 것이 바로 섀넌 박사의 제1정리(Shannon's first theorem)로, 정보원 부호화 정리(source coding theorem)라고도 합니다. 즉 어떤 정보원을 2진 부호화하면 그 평균 부호어 길이는 이론적으로 그 정보원의 엔트로피까지 줄일 수 있습니다. 엔트로피가 평균 부호어 길이의 하한이므로 그 엔트로피 이하로 줄이는 것은 불가능합니다. 섀넌의 제1정리를 식으로 표현하면 다음과 같습니다.

$$\overline{L} \geq H(X) \tag{11.19}$$

섀넌 박사의 제1정리의 중요한 의미는 바로 추상적인 파라미터인 정보량 혹은 엔트로피를 정보원 부호화에서 실제적으로 가장 중요한 파라미터인 평균 부호어 길이의 하한이 되도록 정의한 것입니다. 이 점이 바로 섀넌 박사의 위대한 업적이라고 볼 수 있습니다.

## 5. 채널

섀넌의 제1정리는 메시지를 효율적으로 표현할 수 있는 한계를 말해 줍니다. 이렇게 표현된 메시지는 결국 채널을 통해 수신 측으로 전달됩니다. 그럼 정보량의 관점에서 볼 때 채널에서는 어떤 일이 일어날까요? 채널은 하나의 시스템이므로 입력 $X$와 출력 $Y$가 있습니다. 즉 입력이 송신기의 출력, 출력이 수신기의 입력에 해당합니다. 만약 2진 심벌을 사용하면 입출력 모두 2개의 원소를 가집니다. 즉 $X=\{x_1, x_2\}=\{0, 1\}$이며 $Y=\{y_1, y_2\}=\{0, 1\}$입니다. 그럼 채널의 입력 엔트로피 $H(X)$와 출력 엔트로피 $H(Y)$는 다음과 같이 정의할 수 있습니다.

$$H(X)=\sum_{i=1}^{M} P(x_i)\log_2\frac{1}{P(x_i)} \tag{11.20}$$

$$H(Y)=\sum_{j=1}^{M} P(y_j)\log_2\frac{1}{P(y_j)} \tag{11.21}$$

여기서는 $M$진 심벌로 일반화하였으며 2진 심벌의 경우는 $M=2$입니다. 물론 채널이 완벽하다면 채널에 입력되는 정보는 손실이 전혀 없이 모두 출력될 것입니다. 즉 $H(Y) = H(X)$입니다. 그러나 현실적으로는 잡음 등에 의해 출력 정보량이 입력 정보량과 같을 수 없습니다. 그럼 실제적인 채널의 입출력 정보량 사이의 관계를 알아보겠습니다.

예를 들어 여기서 채널을 수도관(water pipe)으로, 정보량을 그 수도관을 흐르는 수량으로 가정해 보겠습니다. 만약 수도관이 균열도 없고 완벽하다면 수도관으로 들어간 물은 하나도 남김없이 원하는 곳으로 흘러갈 것입니다. 바로 이상적인 채널에 해당합니다. 그러나 균열이 있다면 그 틈으로 누수(leakage)가 발생할 것입니다. 이 누수는 송신 측, 즉 채널의 입력에서는 보냈으나 채널에서 사라져 수신 측에서는 보냈는지 알 수 없는 정보량에 해당합니다. 이를 역방향 모호도(backward equivocation) 혹은 그냥 모호도(equivocation)라 하며, 조건 엔트로피 $H(X|Y)$로 나타낼 수 있습니다. 정보량이 불확실성의 정도를 나타내므로 조건 엔트로피 $H(X|Y)$는 채널의 출력은 알고 있더라도 여전히 남아 있는 입력에 대한 불확실성입니다. 즉 불완전한 채널로 말미암아 채널에서 사라진 정보량입니다. 채널로 입력되는 정보량 $H(X)$에서 역방향 모호도 $H(X|Y)$를 제외한 나머지 정보량이 출력될 것입니다. 이와 같이 채널로 입력되는 정보량 중에서 실제 채널의 출력에 도달하는 정보량을 상호 정보량(mutual information)이라 하며 $I(X;Y)$로 표현합니다. 관례적으로 $I$라는 기호를 쓰는데, 괄호 속 앞의 문자 $X$는 채널의 입력, 뒤의 문자 $Y$는 채널의 출력을 나타내며 그 사이에는 세미콜론(;)을 씁니다. 따라서 상호 정보량 $I(X;Y)$는 다음 식으로 나타낼 수 있습니다.

$$I(X;Y) = H(X) - H(X|Y) \tag{11.22}$$

채널의 입력 정보량에서, 채널에서 사라진 정보량을 빼고 실제 출력에 도달하는 정보량을 상호 정보량 $I(X;Y)$로 정의하였습니다. 앞에서 살펴본 바에 따르면 채널의 출력 정보량은 $H(Y)$입니다. 이 $H(Y)$와 $I(X;Y)$는 어떤 관계가 있을까요?

수도에 균열이 있으면 당연히 누수가 있을 것입니다. 그러나 누수와는 별개로 그 균열을 통해 원치 않는 이물질, 즉 오수(dirty water)가 들어올 수 있습니다. 이 오수는 채널의 출력에는 도달하지만 입력에서는 전혀 알 수가 없습니다. 즉 채널의 입력 정보량을 알고 있더라도 여전히 남아 있는 채널 출력 정보량에 대한 불확실성입니다. 이를 순방향 모호도(forward equivocation)라 하며, 역시 조건 엔트로피 $H(Y|X)$로 나타낼 수 있습니다. 이는 채널의 입력으로 들어가지 않았음에도 불구하고 잡음 등에 의해 출력에는 나타나는 불필요한 정보량에 해당합니다. 그럼 출력 정보량 $H(Y)$는 입력 정보량에서, 채널상에서 사라진 정보량을 뺀 상호 정보량 $I(X;Y)$에다, 불필요하지만 채널상으로 들어온 정보량 $H(Y|X)$를 더해 얻을 수 있습니다.

$$H(Y) = I(X;Y) + H(Y|X) \tag{11.23}$$

그럼 채널의 입력과 출력 정보량, 그리고 상호 정보량과의 관계를 정리하면 다음 식과 같습니다.

$$I(X;Y) = H(Y) - H(Y|X) = H(X) - H(X|Y) \tag{11.24}$$

채널의 입력 정보량 $H(X)$ 중 일부인 $H(X|Y)$는 채널에서 사라지고 불필요한 $H(Y|X)$가 더해져서 채널의 출력 정보량 $H(Y)$가 됩니다. 결국 채널의 입력으로 들어가는 정보량에서 출력에 도달하는 바람직한 정보량은 상호 정보량 $I(X;Y)$입니다. 수도관에 비추어 보면, 수도관으로 보내는 물 중에서 수도관 균열에 따른 누수 현상으로 일부가 사라지고, 그 균열을 통해 원하지 않는 오수가 들어와 목적지에 도달합니다. 그림 11.2에 이들의 관계를 표현하였습니다.

참고로 만약 균열이 전혀 없는 완벽한 수도관이라면 누수도 없고 오수 유입도 전혀 없을 것이며, 따라서 수도관으로 들어가는 모든 물은 목적지에 도달할 수 있을 것입니다. 즉 잡음이나 왜곡 등이 전혀 없는 이상적인(ideal) 채널이라면 입력과 출력 정보량은 동일하며 모든 모호도는 0이 됩니다. 그 관계를 식으로 표현하면 다음과 같습니다.

$$H(X) = H(Y) = I(X;Y) \tag{11.25}$$

$$H(X|Y) = H(Y|X) = 0 \tag{11.26}$$

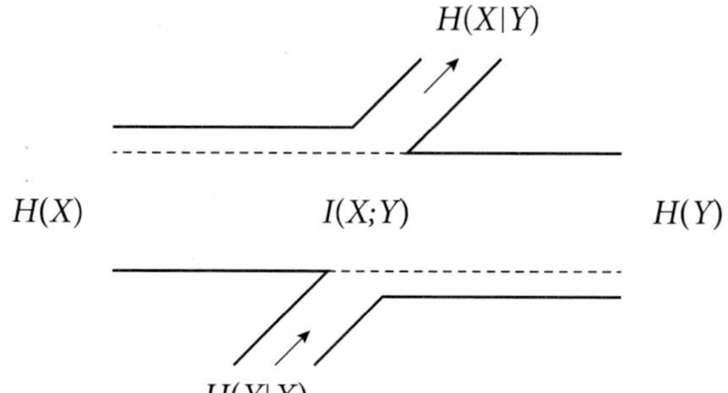


**그림 11.2** 채널에서의 정보 흐름

### 6. 섀넌의 제2정리

앞서 채널상에서의 정보량의 흐름을 보면 역방향 및 순방향 모호도는 최소화하고 상호 정보량은 최대화하는 것이 바람직합니다. 최적의 통신 시스템을 얻기 위한 우리의 설계목표는 상호 정보량을 최대화하는 것입니다.

앞서 정보원 부호화에서의 설계목표는 평균 부호어 길이의 최소화였습니다. 그리고 그 평균 부호어 길이의 하한은 섀넌의 제1정리에 따라 바로 그 정보원의 엔트로피였습니다. 반면에 채널에서의 설계목표는 상호 정보량의 최대화입니다. 그럼 상호 정보량의 상한(upper limit)은 얼마일까요? 주어진 채널에서 도달할 수 있는 최대 상호 정보량을 채널용량(channel capacity) $C$라 합니다. 이는 개념적으로 다음과 같은 식으로 표현할 수 있습니다.

$$C = \max I(X;Y) = \max\,[H(X) - H(X|Y)] \tag{11.27}$$

아주 특수한 경우를 제외하고 일반적인 채널의 용량을 구하기는 매우 어렵습니다. 그러나 다행히도 가장 보편적인 잡음인 열잡음(thermal noise) 모델인 가산성 백색 가우스잡음(additive white Gaussian noise: AWGN) 채널의 채널용량은 다음과 같습니다.

$$C = B\,\log_2\left(1 + \frac{S}{N}\right)[\text{bps}] \tag{11.28}$$

여기서 $B$는 채널의 대역폭으로, 단위는 Hz입니다. $S/N$는 신호 대 잡음비로서, 단위는 없습니다. 즉 dB이 아닙니다. 그리고 이 채널용량의 단위는 현실의 단위에 맞추어 초당 비트 수(bits/second: bps)입니다.

백색잡음은 모든 주파수의 전력이 동일합니다. 즉 그 전력밀도(power spectral density: PSD)함수 $P_n(f)$가 주파수 $f$에 관계없이 상수 $N_0/2$입니다.

$$P_n(f) = \frac{N_0}{2} [\text{W/Hz}] \tag{11.29}$$

이 백색잡음의 전력 $N$은 $N_0$와 대역폭 $B$의 곱으로 구할 수 있습니다.

$$N = \frac{N_0}{2} \cdot B \cdot 2 = N_0 B [\text{W}] \tag{11.30}$$

전력 밀도 함수가 $-\infty < f < \infty$에서 정의되므로 2가 곱해졌습니다. 따라서 앞의 가산성 백색 가우스잡음 채널의 채널용량은 다음과 같습니다.

$$C = B \log_2\left(1 + \frac{S}{N_0 B}\right) [\text{bps}] \tag{11.31}$$

이 식이 섀넌-하틀리 법칙(Shannon-Hartley law)입니다. $B$, $S$, $N_0$의 단위는 각각 Hz, W, W/Hz입니다.

이러한 채널용량의 중요한 의미는 무엇일까요? 정보원에서는 $R$[bps]의 전송률(transmission rate)로 채널용량이 $C$[bps]인 채널을 통해 메시지를 전달합니다. 이 경우 만약 $R < C$의 조건을 만족하면 수신 측에서 오류확률을 임의로(arbitrarily) 줄일 수 있습니다. 이것이 바로 섀넌의 제2정리로, 채널

부호화 정리(channel coding theorem)라고도 합니다.

그럼 그 조건을 만족하지 못하는 경우, 즉 $R > C$이면 어떻게 될까요? 이 경우는 아무리 노력하여도 오류확률을 마음대로 줄일 수가 없습니다. 따라서 현실적으로 전송률은 반드시 채널용량보다 작은 값을 선택해야 합니다. 따라서 채널용량은 통신 시스템 설계에서 매우 중요합니다.

그러나 채널용량보다 섀넌의 제2정리가 더 중요한 이유는 다른 데 있습니다. 아날로그통신을 하는 경우 잡음의 영향을 줄이기 위한 유일한 방법은 신호 전력을 증가시키는 것입니다. 즉 신호 대 잡음비(signal to noise ratio: SNR)를 증가시키는 것입니다. 일상생활 중 전화 통화를 하면서 잡음으로 상대방의 이야기를 알아들을 수 없을 때 목소리를 크게 하라고 요구하는 것과 같습니다. 그러나 신호 전력을 증가시키면 소모 전력(power dissipation)도 증가하고 그에 따라 시스템의 온도도 올라갑니다. 그러면 대표적인 잡음인 열잡음이 증가합니다. 잡음의 영향을 줄이기 위하여 신호 전력을 증가시키면 다시 열잡음이 증가하는 악순환이 발생합니다. 그래서 당시의 통신엔지니어들에게는 이 문제가 가장 해결하기 어려운 문제였습니다. 그러나 디지털통신에선 잡음에 의해 오류가 발생합니다. 즉 잡음의 영향이 오류입니다. 그런데 섀넌 박사에 따르면 실제 전송률이 채널용량보다 작기만 하면 얼마든지 오류확률을 줄일 수 있습니다. 신호 전력을 증가시킬 필요가 전혀 없습니다. 잡음의 영향을 신호 전력의 증가 없이도 마음대로 줄일 수 있는 것입니다. 따라서 섀넌의 제2정리는 아날로그 시대에서 디지털 시대로 바뀌는 도화선이 됩니다. 그리고 이제는 통신 분야뿐만 아니라 우리의 일상생활이 모두 디지털화되어 있습니다.

지금까지 섀넌 박사의 두 가지 정리를 살펴봤습니다. 섀넌 박사는 1948년 논문에서 평균 부호어 길이의 하한으로 엔트로피를, 상호 정보량의 상한으로 채널용량을 정의하였습니다. 그러나 평균 부호어 길이를 어떻게 최소화하며, 또 오류확률을 어떻게 임의로 줄일 수 있는지에 대해서는 언급하지 않았습니다. 다음 장에서 섀넌 박사의 정리를 실제로 구현하는 방안에 대해 알아보겠습니다.

제12장

# 정보원 부호 및 채널 부호

## 1. 부호화 효율

동일한 메시지를 표현하는 부호어는 짧을수록 좋습니다. 전송시간을 줄일 수 있을 뿐만 아니라 메시지를 저장할 메모리를 줄일 수 있기 때문입니다. 섀넌의 제1정리에 따르면 이론적으로 평균 부호어 길이를 엔트로피까지 줄일 수 있습니다. 따라서 부호의 효율성을 가늠하는 척도로서 부호화 효율(coding efficiency) $\eta$를 다음과 같이 정의할 수 있습니다.

$$\eta \equiv \frac{H(X)}{\overline{L}} = \frac{\sum_{i=1}^{n} P_i \log_2 \frac{1}{P_i}}{\sum_{i=1}^{n} P_i l_i} \tag{12.1}$$

항상 $\overline{L} \geq H(X)$이므로 당연히 $\eta$의 최대값은 1이며 $\eta$값이 클수록 더 효율적입니다. 그럼 섀넌 박사의 주장처럼 어떻게 하면 100%의 부호화 효율을 가지는 부호를 얻을 수 있을까요? 이론적으로는 항상 100%의 부호화 효율을 얻을 수 있지만 불행하게도 현실적으로는 거의 불가능합니다.

위 식에서 분자와 분모가 같아지면 $\eta = 1$이 됩니다. 그렇게 되기 위해서는 아래의 조건을 만족해야 합니다.

$$l_i = \log_2 \frac{1}{P_i} \quad \forall\ i \tag{12.2}$$

$l_i$는 $i$번째 심벌에 할당된 부호어의 길이이므로 평균 부호어 길이 $\overline{L}$와는 달리 반드시 정수(integer)여야 합니다. 반면에 $\log_2 \frac{1}{P_i}$은 대개 실수 값이 되며 정수가 되는 경우는 아주 특별한 경우입니다. 즉 확률 $P_i$가 2의 승수분의 1에 해당하는 경우입니다. 즉 1/2, 1/4, 1/8, 1/16, …입니다. 그리고 확률이므로 모두 다 더하면 1이 되어야 하는 조건도 만족하여야 합니다. 그러므로 이론이 아니라 현실에서는 100%의 부호화 효율을 얻는 것은 거의 불가능합니다.

아무리 완벽한 이론이라도 현실성이 없으면 공학적으로는 의미가 없습니다. 반면에 이론적으로는 좀 미비하더라도 현실적인 응용이 가능하면 공학적으로는 더 큰 의미가 있습니다. 이는 이론적으로는 완벽한 섀넌 박사의 제1정리가 현실성이 없다면 공학적으로는 별 의미가 없다는 이야기가 됩니다. 따라서 공학을 하는 사람들에겐 섀넌의 제1정리를 공학적으로 의미 있게 만드는 방안이 필요합니다.

100%의 부호화 효율이 불가능하다면 현실적으로 가능한 부호 중에서 가장 높은 부호화 효율을 가지는 부호를 찾아야 합니다. 그럼 여기서 또 현실적인, 즉 공학적인 문제가 떠오릅니다. 열심히 노력하여 주어진 정보원에 대해 부호화 효율이 높은 부호를 얻었다고 가정해 봅시다. 그렇다면 구한

부호가 과연 그 정보원에 최적인 부호인지를 어떻게 확인할 수 있을까요? 예를 들어 여러분이 구한 부호의 효율을 계산해 보니 95%입니다. 그럼 이 95%가 이 정보원에서 현실적으로 구현할 수 있는 최대 부호화 효율인지, 아니면 좀 더 노력하면 그 이상의 부호화 효율을 얻을 수 있는지 어떻게 알 수 있을까요? 만약 이 95%의 부호화 효율이 실제 구현 가능한 최대 부호화 효율이라면 구해진 부호에 만족하여야 할 것입니다. 그러나 그렇지 않다면 다른 방법으로라도 더욱 노력하여 더 높은 부호화 효율을 가지는 부호를 찾아야 합니다. 그리고 그것보다 더 바람직한 방법은 바로 실현 가능한 최대 부호화 효율을 얻을 수 있는 간단한(straightforward) 알고리듬을 찾는 것입니다. 이것이 바로 이론이 아닌 실제적으로 해결해야 할 문제입니다.

## 2. 허프만 부호

엔트로피와 동일한 값의 평균 부호어 길이를 가지는 부호를 얻는 것이 이론적으로는 가능합니다. 그러나 현실적으로는 거의 불가능합니다. 현실적으로 가능한 부호 중에서 가장 짧은 평균 부호어 길이를 가진 부호를 콤팩트 부호(compact code)라 합니다. 당연히 공학적으로는 주어진 정보원에 맞는 콤팩트 부호를 구해야만 합니다. 이러한 콤팩트 부호를 얻을 수 있는 간단한 알고리듬을 개발한 사람은 데이비드 앨버트 허프만(David Albert Huffman)입니다. 1951년 당시 매사추세츠 공과대학교(Massachusetts Institute of Technology: MIT) 대학원생이었던 그의 이름을 따서 이를 허프만 알고리듬 혹은 허프만 부호(Huffman code)라 합니다.

허프만 부호의 핵심 아이디어(key idea)는 두 가지입니다. 우선 평균 부호어 길이를 최소화하려면 확률이 높은 심벌에는 상대적으로 짧은 부호어,

확률이 낮은 심벌에는 긴 부호어를 할당해야 합니다. 앞에서 살펴본 대로 가변길이 부호를 사용해야 합니다. 그러나 2진 부호를 사용하는 경우 심벌이 2개만 있을 때는 확률에 관계없이 두 심벌에 0과 1 하나의 비트를 할당하는 것이 최소 부호어 길이, 즉 1비트가 된다는 것입니다. 예를 들어 그 확률 값이 {0.9, 0.1}이든 {0.5, 0.5}이든 두 심벌에 0과 1을 할당하는 것이 평균 부호어 길이가 1비트가 되어 가장 짧습니다. 다른 어떤 가변길이 부호어를 할당하더라도 1비트보다 더 짧은 평균 부호어 길이를 얻을 수 없습니다. 이것이 허프만 부호의 첫 번째 핵심 아이디어입니다. 다른 핵심 아이디어는 어느 부호어도 다른 부호어의 앞부분에 있어서는 안 된다는 것입니다. 이를 접두사 규칙(prefix rule)이라 합니다. 이 접두사 규칙을 만족하면 부호화된 심벌 열을 복호할 때 하나의 심벌을 복호하기 위해 그다음에 이어지는 심벌을 확인하지 않고도 바로 복호할 수 있습니다. 이러한 부호를 순간부호(instantaneous code)라 합니다. 4개의 심벌을 가지는 매우 비슷한 두 가변길이 부호의 예를 보겠습니다. 부호 A의 부호어 조합은 {0, 01, 011, 0111}이며 부호 B의 부호어 조합은 {0, 10, 110, 1110}입니다. 모두 최소 부호어 길이는 1비트이고 최대 부호어 길이는 4비트입니다. 부호 A에서 부호어 0은 나머지 3개 부호어의 앞부분에 있습니다, 즉 부호어 0은 나머지 세 부호어의 접두사에 해당합니다. 부호어 01은 부호어 011과 0111의 접두사이며, 011은 0111의 접두사입니다. 따라서 이 부호 A는 접두사 규칙을 만족하지 못하므로 순간부호가 아닙니다. 이 부호 A는 하나의 심벌을 복호하기 위해서는 다음 심벌을 확인해야만 합니다. 부호 B는 모든 부호어가 0으로 끝납니다. 그리고 어떤 부호어도 다른 부호어의 접두사가 되지 않습니다. 따라서 접두사 규칙을 만족하는 순간부호입니다. 공학적으로 가변길이 부호를 설계하는 경우 반드시 순간부호가 되어야 합니다. 순간부호를 얻기 위하여 접두사 규칙을 만족시켜야 한다는 것이 바로 허프만 부호의 두 번째 핵심 아이디어입니다.

위 두 핵심 아이디어를 반복적으로 적용하여 허프만 부호를 얻습니다. 그리고 이 핵심 아이디어를 적용하는 데는 역시 두 가지 핵심 과정(key process)이 있습니다. 첫 번째 과정은 확률의 수를 줄이는 것입니다. 2진 부호의 경우 마지막에 2개의 확률만 남을 때까지 줄입니다. 그러면 바로 첫 번째 핵심 아이디어를 적용할 수 있습니다. 두 번째 과정은 접두사 규칙을 만족하면서 가변길이 부호어를 할당하는 것입니다.

심벌 $x_1 \sim x_6$에 해당하는 확률 조합 {0.5, 0.2. 0.1, 0.1, 0.06, 0.04}를 가지는 정보원에 대한 허프만 부호의 예를 보겠습니다.

①: 확률의 수를 줄이는 과정을 시작하기 전에 그림 12.1(a)와 같이 확률을 반드시 내림차순(descending order)으로 정렬합니다. 이는 확률의 수를 줄이는 과정 내내 반드시 지켜 주어야 합니다.

②: 6개의 확률 중 제일 작은 값을 가지는 2개의 확률 0.06과 0.04를 더하면 0.1이 되고 이 0.1을 다음 단계의 확률 내림차순 정렬에 맞추어 그 위치를 정합니다. 이 단계에는 {0.5, 0.2, 0.1, 0.1, 0.1}의 확률 조합이 되어 모두 5개의 확률이 있습니다. 6개에서 1개가 줄어든 것입니다. 그리고 0.06과 0.04가 합해진 0.1은 기존에 있던 2개의 0.1과 같은 값입니다. 따라서 이 0.1은 5개의 확률 값 중에서 3, 4, 5번 어디에 두어도 내림차순의 조건을 만족합니다. 그러므로 그림에서와 같이 마지막에 두어도 좋고 그 위에 있는 3, 4번 위치에 두어도 좋습니다.

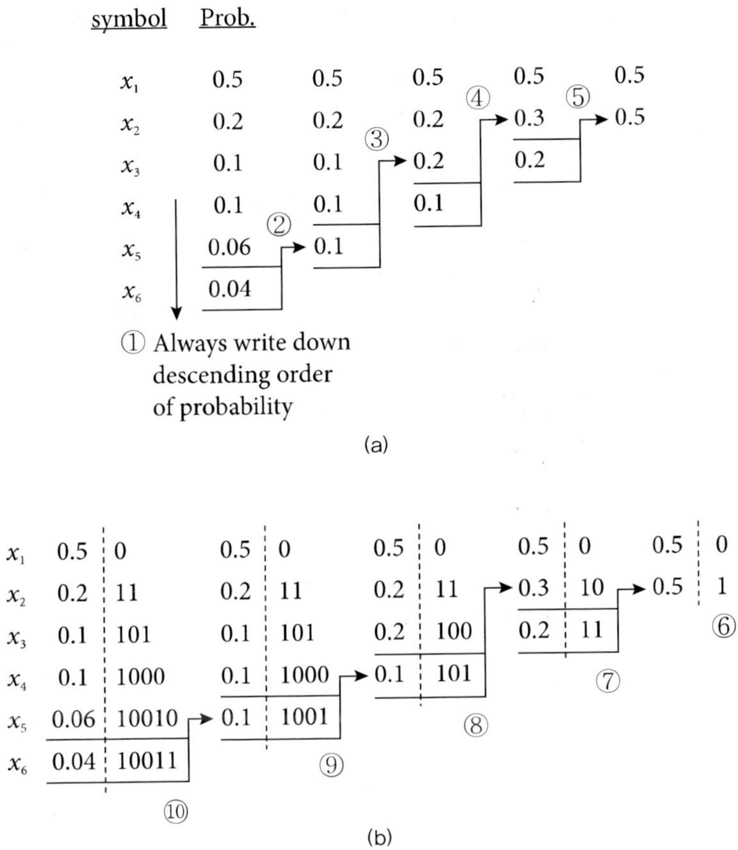


**그림 12.1** 허프만 부호의 예

(a) 확률의 수를 줄이는 과정 (b) 가변길이 부호어 할당 과정

③, ④, ⑤: 같은 방법으로 ③, ④, ⑤에서 각각 하나의 확률 값들을 줄이면 최종적으로 ⑤에서 {0.5, 0.5} 2개의 확률만 남습니다.

가변길이 부호어를 할당하는 과정은 확률 수를 줄이는 과정과는 반대 방향으로 진행됩니다.

⑥: 이 과정에는 2개의 확률 값만 있으므로 확률 값에 관계없이 하나의 비트, 즉 0과 1을 할당합니다.

⑦: 이 단계에 있는 3개의 확률 중 0.5는 ⑥에서 0이 할당된 확률과 동일합니다. 따라서 이 0.5의 확률에는 그대로 0이 할당됩니다. 그러나 나머지 0.3과 0.2는 합해져서 0.5가 되고 이 0.5에는 ⑥에서 1이 할당되었습니다. 이 0.3과 0.2 두 개의 확률을 구분하기 위해서는 역시 그 확률 값에 관계없이 하나의 비트가 필요합니다. 그리고 접두사 규칙을 만족시키기 위하여 비트 1에 1비트를 더하여 각각 10과 11을 할당합니다. 그럼 이 단계에서 {0.5, 0.3, 0.2}에 각각 {0, 10, 11}이 할당된 처음의 가변길이 부호가 얻어집니다. 높은 확률에 짧은 부호어가 할당되며 얻어진 부호는 접두사 규칙을 만족하는 순간부호임을 확인 바랍니다.

⑧, ⑨, ⑩: 같은 방법으로 계속 진행하면 그림에서와 같이 최종적으로 {0.5, 0.2, 0.1, 0.1, 0.06, 0.04}의 확률 조합에 {0, 11, 101, 1000, 10010, 10011}의 가변길이 부호를 얻을 수 있습니다. 이 부호가 바로 허프만 부호입니다.

최소 부호어 길이는 1비트이고 최대 부호어 길이는 5비트입니다. 그리고 최종적으로 얻어진 허프만 부호도 접두사 규칙을 완벽하게 만족시킴을 확인 바랍니다.

끝으로 이 허프만 부호의 부호화 효율을 확인해 보겠습니다. 이 허프만 부호의 평균 부호어 길이 $\overline{L}$는 2.1비트입니다. 그리고 이 정보원의 엔트로피 $H(X)$는 2.0580591비트입니다. 따라서 부호화 효율 $\eta = H(X)/\overline{L} = 0.9800281$ 입니다. 이론적으로 가능한 $\eta = 1$은 당연히 얻지 못했지만 현실적으로 얻을 수 있는 최대 부호화 효율 $\eta \approx 0.98$, 즉 최소 평균 부호어 길이 $\overline{L} = 2.1$비트를 얻었습니다.

## 3. 중복성

허프만 부호는 섀넌의 제1정리를 현실적으로 구현한 정보원 부호(source code)입니다. 섀넌 박사는 제2정리에서 이론적으로 전송 비트율 $R$이 채널 용량 $C$보다 작으면 임의로 오류확률을 줄일 수 있다고 주장하였습니다. 바로 이 제2정리를 현실적으로 구현하는 부호가 오류 제어 부호(error control code)로서, 채널 부호(channel code)라고도 합니다. 그럼 오류확률을 어떻게 임의로 줄일 수 있을까요? 이는 우리 일상생활의 상식에서 그 답을 찾을 수 있습니다.

예를 들어 보겠습니다. 2017년 6월 6일은 화요일입니다. 그런데 누가 "7일"이라고 하면 그 말에 오류가 있는지 알 수가 없습니다. 그냥 오류가 없다고 생각할 수밖에 없습니다. 그런데 만약 "7일 화요일"이라고 했다면 오류가 있다는 사실을 알 수 있습니다. 6일이 화요일이니까 7일은 수요일이고, 따라서 "7일 화요일"이 될 수가 없기 때문입니다. 그러나 '7일'과 '화요일' 중 어느 것이 오류인지는 알 수가 없습니다. 바로 오류 검출(error detection)이 된 것입니다. '7일'이라는 날짜와 '화요일'이라는 요일은 같은 정보를 나타내는 중복(redundant)정보입니다. 이런 정보의 중복성(redundancy)을 이용하여 오류 검출이 가능합니다.

이런 중복정보를 확장하면 오류정정(error correction)도 가능합니다. 즉 "7일 화요일 현충일"이라고 하였다면 중복정보가 둘로 늘어났습니다. '7일'이 맞다면 화요일도 아니고 현충일도 아닙니다. 오류가 두 개인 경우입니다. 그러나 '화요일'과 '현충일'이 맞다면 7일이 아니라 6일입니다. 오류가 한 개입니다. 상식적으로 오류가 한 개인 경우가 오류 두 개가 동시에 일어날 경우보다 훨씬 많으므로 우리는 '7일'이 오류이고, '6일'이 맞을 것이라고 판단하여 오류정정을 할 수 있습니다. 이와 같이 중복정보를 적절히 이용하여 오류의 검출 및 정정, 즉 오류 제어(error control)를 할 수 있습니다.

지금까지 일상생활의 상식에 비추어, 중복정보를 이용하여 오류 제어가 가능함을 알아보았습니다. 이제 이를 공학적으로 살펴보겠습니다.

2진 통신 시스템에서 사용 가능한 심벌은 0과 1입니다. 그러나 0이나 1과 같이 하나의 비트만 전송하는 것이 아니라 하나의 중복 비트(redundant bit)를 더하여 전송합니다. 즉, 0일 경우는 00, 그리고 1일 경우는 11을 보냅니다. 이 2비트 중 앞의 비트는 정보 비트(information bit) 혹은 메시지 비트(message bit)이고 뒤의 비트가 중복 비트입니다. 이렇게 동일 비트를 반복해서 보내는 것은 공학적으로는 별 의미가 없지만 중복성의 개념을 이해하는 데는 매우 유용합니다, 따라서 이와 같이 동일 비트를 반복하여 만든 부호를 반복부호(repetition code)라 합니다. 이 경우 만약 01을 수신하였다면 오류가 발생한 것을 알 수 있습니다. 송신 측에선 00과 11만 보낼 수 있기 때문입니다. 그러나 00이 보내졌는지 11이 보내졌는지는 알 수 없습니다. 두 경우 모두 1개의 비트가 오류이기 때문입니다. 앞에서 든 일상생활에서의 예와 같이 중복정보가 하나인 경우로 오류 검출이 가능합니다.

그럼 중복 비트를 하나 더 더하여 0이면 000, 1이면 111을 보내는 반복부호를 살펴보겠습니다. 이 경우 수신 가능한 부호어는 표 12.1과 같습니다.

[표 12.1] 수신 가능한 부호어

| no error | single error | double error | triple error |
|---|---|---|---|
| 000 | 100<br>010<br>001 | 110<br>101<br>011 | 111 |
| 111 | 011<br>101<br>110 | 001<br>010<br>100 | 000 |

만약 100을 수신하였다면 우선 오류가 발생한 사실은 알 수 있습니다. 표 12.1에서 보면 000을 보냈는데 첫 비트에 단일(single)오류가 발생하여 100을 수신하거나, 111을 보냈는데 뒤 2비트에 2중(double)오류가 발생하여 100을 수신할 수 있습니다. 비트 오류확률이 $P_B = 10^{-4}$이고 각 비트의 오류 발생이 독립적(independent)이라고 가정하겠습니다. 그럼 000을 보냈는데 단일 오류가 발생하여 100을 수신할 확률 $P\{100|000\}$은 다음과 같습니다.

$$P\{100|000\} = P_B(1-P_B)^2 = 9.998 \times 10^{-5} \tag{12.3}$$

같은 방법으로 111을 보냈는데 2중 오류가 발생하여 100을 수신할 확률은 아래와 같습니다.

$$P\{100|111\} = (1-P_B)P_B^2 = 9.999 \times 10^{-9} \tag{12.4}$$

단일 오류가 발생할 확률이 2중 오류가 발생할 확률보다 월등히 높습니다. 따라서 수신 측에서는 단일 오류가 발생하여 100을 수신했다고 판단하여 000으로 복호를 하는 것이 합리적입니다.

그러나 확률은 낮지만 실제 111이 송신되었는데 100을 수신할 수도 있습니다. 이 2중 오류의 경우는 오류의 정정이 불가능합니다. 더구나 3중(triple) 오류의 경우는 오류가 발생했다는 사실조차 알 수가 없습니다. 그러니 오류의 정정은 시도도 할 수 없고 따라서 정정은 당연히 불가능합니다.

그럼 이런 특별한 경우가 아닌 평균오류확률 $P_e$를 구해 보겠습니다. $i$개의 비트 오류가 발생할 평균 확률 $P_i$는 다음과 같이 구할 수 있습니다.

$$P_0 = \binom{3}{0}(1-P_B)^3 = 0.9997 \tag{12.5}$$

$$P_1 = \binom{3}{2}(1-P_B)^2 P_B = 2.9994 \times 10^{-4} \tag{12.6}$$

$$P_2 = \binom{3}{2}(1-P_B) P_B^2 = 2.9997 \times 10^{-8} \tag{12.7}$$

$$P_3 = \binom{3}{3} P_B^3 = 10^{-12} \tag{12.8}$$

그러므로 평균오류확률 $P_e$는 다음과 같이 구해집니다.

$$P_e = P_2 + P_3 = 2.9998 \times 10^{-8} \tag{12.9}$$

반복 비트 없이 하나의 비트만 전송하는 경우의 오류확률은 $10^{-4}$입니다. 따라서 2개의 반복 비트를 추가하여 000과 111로 전송하면 오류확률을

$2.9998 \times 10^{-8}$으로 줄일 수 있습니다. 섀넌 박사는 제2정리에서 정보의 전송률 $R$이 채널용량 $C$보다 작으면 임의로 오류확률을 줄일 수 있다고 주장하였습니다. 그럼 $2.9998 \times 10^{-8}$보다 더 낮은 오류확률은 어떻게 얻을 수 있을까요? 충분히 예상할 수 있듯이 중복 비트를 더 추가하면 됩니다. 2개의 중복 비트를 가진 000과 111은 단일 오류만 정정이 가능합니다. 그러나 같은 논리로 4개의 중복 비트를 추가하여 00000과 11111을 사용하면 단일 오류뿐만 아니라 2중 오류까지 정정할 수 있습니다. 따라서 오류확률도 더 줄일 수 있습니다. 이런 식으로 중복 비트를 증가시킬수록 오류정정 능력도 증가하고, 따라서 오류확률은 여러분이 만족할 때까지 계속 감소할 수 있습니다.

그러나 이 반복 부호는 공학적으로는 그렇게 바람직한 부호가 아닙니다. 반복 부호에서 사용한 중복 비트는 정보를 가지고 있지 않습니다. 단지 오류 제어의 목적을 달성하기 위한 보조 비트입니다. 다시 말해 정보 전달이라는 통신의 관점에서는 필요 없는 비트입니다. 따라서 원하는 오류 제어의 목적만 달성할 수 있다면 가능한 한 그 수를 줄이는 것이 바람직합니다. 일반적으로 오류 제어 능력을 키우기 위해서는 중복 비트의 수를 늘려야 합니다. 그러나 동일한 오류 제어 능력을 가지는 경우에는 가능한 한 중복 비트의 수를 줄이는 것이 공학적으로 바람직합니다. 반대로 중복 비트의 수가 동일한 경우에는 오류능력을 최대화하는 것이 좋습니다. 따라서 단순히 정보 비트를 반복하는 반복 부호는 공학적으로 효율적인 부호라 볼 수 없습니다. 그러므로 공학적으로 최적의 부호를 얻을 수 있는 방안이 필요합니다.

## 4. 해밍부호

공학적으로 최적의 부호를 찾기 위하여 오류 제어 부호, 즉 채널 부호의 개념을 정리해 보겠습니다. 오류 제어에는 오류 검출과 정정이 있습니다. 오류의 검출과 정정은 개념상 어떤 차이가 있을까요? 우리가 오류가 있다는 사실은 알지만 그 오류의 위치를 모르는 경우 오류의 검출은 가능하지만 정정은 불가능합니다. 반면에 2진 부호(binary code)인 경우 오류의 위치만 알면 정정이 가능합니다. 만약 0으로 수신했는데 그 비트가 오류이면 1로 바꾸면 됩니다. 가능한 심벌이 0과 1뿐이기 때문입니다.

반복 부호가 아니고 공학적으로 의미 있으면서 간단한 부호로 블록부호(block code)가 있습니다. $(n, k)$ 블록부호는 $k$비트의 메시지에 $n-k=r$비트의 반복 혹은 검사 비트를 추가하여 $n$비트의 부호어를 만듭니다. 그러므로 모두 $2^k$개의 합법적인(legal) 부호어가 있습니다. 그리고 $r$개의 검사 비트로 오류의 검출과 정정을 합니다. 블록부호 중에서 만약 2개의 합법적인 부호어의 합도 합법적인 부호어면 이를 선형 블록부호(linear block code)라 합니다. 여기서 합은 물론 모듈로-2 덧셈(modulo-2 addition)을 의미합니다.

가장 간단한 선형 블록부호로 패리티 검사 부호(parity check code)가 있습니다. 이는 $k$ 메시지 비트에 단 1개의 검사 비트를 추가하여 $k+1=n$비트의 부호어를 만듭니다. 여기서 추가하는 1개의 검사 비트는 $n$개의 부호어 비트에서 1의 개수가 짝수가 되도록 하면 짝수 패리티 검사 부호(even parity check code)가 됩니다. 물론 1의 개수가 홀수가 되도록 검사 비트를 선택할 수도 있습니다. 그러면 홀수 패리티 검사 부호(odd parity check code)가 됩니다. 만약 메시지가 10110이면 1의 개수가 3개입니다. 따라서 짝수 패리티 검사 부호어는 1이 검사 비트로 추가되어 101101이 됩니다. 같은 방식으로 홀수 패리티 검사 부호어는 0이 검사 비트로 추가되어 101100이 됩니다. 그리고 복호 시에는 수신 부호어에서 1의 수를 검사합니다. 짝수 패리티 검사 부호에서 1의 개수가 홀수이면 오류가 있다고 판단하고 짝수이면 오류가 없다고 판단합니다. 따라서 패리티 검사 부호는 홀수 개의 비트 오류를 검출할 수 있습니다. 그러나 오류의 정정은 불가능합니다.

그럼 가장 간단한 오류정정부호를 살펴보겠습니다. 바로 4개의 메시지 비트에 3개의 검사 비트를 추가하여 7개의 부호어 비트를 만든 (7, 4) 선형 블록부호입니다. 7개의 부호어 비트를 $\overline{c} = [m_3 m_2 m_1 m_0 \, c_2 c_1 c_0]$라 하겠습니다. 이 중 $\overline{c_1} = [m_2 m_1 m_0 \, c_2]$, $\overline{c_2} = [m_3 m_1 m_0 \, c_1]$, $\overline{c_3} = [m_3 m_2 m_0 \, c_0]$는 각각 (4, 3) 짝수 패리티 검사 부호입니다. 7개의 부호어 비트에는 단일 오류만 발생한다고 가정하겠습니다. 이 가정은 그 조건이 맞아야 된다는 의미가 아닙니다. 단일 오류에만 관심이 있고 그 이상의 오류에 대해서는 개의치 않는다(don't care)는 뜻입니다.

3개의 짝수 패리티 검사 부호에서 다음과 같이 모듈로-2 덧셈을 하면 수신 부호어의 1의 개수가 짝수인지 홀수인지를 검사할 수 있습니다.

$$s_1 = m_2 + m_1 + m_0 + c_2 \tag{12.10}$$

$$s_2 = m_3 + m_1 + m_0 + c_1 \tag{12.11}$$

$$s_3 = m_3 + m_2 + m_0 + c_0 \tag{12.12}$$

만약 $s_i = 0$이면 해당되는 4개의 비트 중 1의 개수가 짝수여서 오류가 없습니다. 그러나 $s_i = 1$이면 1의 개수가 홀수이므로 오류가 있다고 판단합니다.

여기서 $\bar{v}=[m_3m_2m_1m_0\ c_2c_1c_0]=[0001\ 111]$이 수신된 경우를 보겠습니다. $s_1$, $s_2$, $s_3$ 모두 0임을 확인 바랍니다. 따라서 이 수신 부호어에는 오류가 없습니다. 다른 수신 부호어 $\bar{v}=[m_3m_2m_1m_0\ c_2c_1c_0]=[0001\ 110]$을 보겠습니다. $s_1=0$입니다. 그러므로 $m_2$, $m_1$, $m_0$, $c_2$에는 오류가 없습니다. 마찬가지로 $s_2=0$이므로 $m_3$, $m_1$, $m_0$, $c_1$에도 오류가 없습니다. 그러나 $s_3=1$이므로 $m_3$, $m_2$, $m_0$, $c_0$ 중 1개의 비트가 오류입니다. 위 사실을 종합하면 $c_0$가 오류라고 판단할 수 있습니다. 따라서 정정된 부호어는 $[m_3m_2m_1m_0\ c_2c_1c_0]=[0001\ 111]$이 됩니다. 그러므로 이 부호는 단일 오류를 정정할 수 있습니다.

그러면 4비트의 메시지에서 7비트의 부호어를 만드는 부호화 과정은 어떻게 될까요? 4비트의 메시지를 $\overline{m}=[m_3m_2m_1m_0]$로 하면 3개의 검사 비트 $[c_2c_1c_0]$는 식 (12.10)~(12.12)에서 $[s_1s_2s_3]=[000]$이 되어야 하므로 아래 식으로 구할 수 있습니다.

$$c_2=m_2+m_1+m_0 \tag{12.13}$$

$$c_1=m_3+m_1+m_0 \tag{12.14}$$

$$c_0=m_3+m_2+m_0 \tag{12.15}$$

그럼 4개의 메시지 비트 $[m_3m_2m_1m_0]$에 3개의 검사 비트 $[c_2c_1c_0]$를 붙여 7비트의 부호어 $\bar{c}=[m_3m_2m_1m_0\ c_2c_1c_0]$를 얻을 수 있습니다. 이렇게 부호어에서 메시지와 검사 비트가 완전히 분리된 부호를 체계적 부호(systematic code)라 합니다. 그리고 지금까지 살펴본 단일 오류정정부호는 (7, 4) 해밍부호(Hamming code)입니다. 일반적인 해밍부호는 이론적으로 최소의 반복성을 가진 단일 오류정정부호입니다.

이론적으로 최소의 반복성은 어떻게 구할 수 있을까요? $(n, k)$ 블록부호에서 $r = n - k$개의 검사 비트로 오류 검출 및 정정을 할 수 있습니다. 이 $r$개의 검사 비트는 모두 $2^r$개의 경우를 나타낼 수 있습니다. 단일 오류정정을 위해서는 오류가 없는 1개의 경우와, 오류가 있으면 그 오류위치의 수인 $n$개의 경우를 알아야 합니다. 즉 $2^r$이 $1 + n$ 이상이어야 합니다.

$$2^r \geq 1 + n \tag{12.16}$$

이 식을 해밍한계(Hamming bound)라 합니다. 그러므로 이론적으로 단일 오류정정을 위한 최소 검사 비트의 수 $r$은 다음 식을 만족하여야 합니다.

$$2^r = 1 + n \tag{12.17}$$

그리고 물론 메시지 비트의 수는 $k = n - r$입니다. $r = 3$, $n = 7$, $k = 4$가 위 식을 만족함을 확인 바랍니다. 이 (7, 4) 해밍부호와 같이 이론적으로 최소의 중복성을 가진 부호를 완전부호(perfect code)라 합니다.

오류 제어능력을 판단할 수 있는 좀 더 논리적인 접근을 해 보겠습니다. 2개의 부호어에서 서로 다른 비트를 가지는 자리의 수를 해밍거리(Hamming distance) $d_H$라 합니다. 앞선 반복 부호의 예에서 000과 111 사이의 해밍거리는 3개의 비트가 모두 다르므로 $d_H = 3$입니다. 예를 들어 두 부호어가 10111과 01100이면 $d_H = 4$임을 확인 바랍니다. 설사 오류가 있더라도 해밍거리의 관점에서 수신 부호어가 여전히 송신 가능한 모든 부호어 중 실제 송신된 부호어에 더 가깝다면 그 오류는 정정될 수 있습니다. 이를 최소거리 규칙(minimum distance rule)이라 합니다. 앞에서 살펴본 반복 부호의 예에서 100이 수신되면 송신 가능한 000과의 해밍거리는 1이고 111과의 해밍거리는 2입니다. 따라서 000으로 판단하고 단일 오류는 정정이 가능합니다. 그러므로 $d_H = 3$이면 단일 오류정정이 가능합니다. 이 개념을 확장하면 일반적으로 $d_H = 2t + 1$일 때 $t$개까지의 비트 오류를 정정할 수 있습니다. 그리고 $t$-비트 오류정정부호가 있다면 여기에 1개의 검사 비트만 추가하여 이를 $t$-비트 오류정정과 $(t+1)$-비트 오류 검출이 가능한 부호로 만들 수 있습니다. 0000과 1111의 부호어를 가지는 반복 부호는 $d_H = 4$입니다. 이 부호는 단일 오류정정과 2중 오류 검출이 가능합니다. 따라서 $d_H = 2t + 2$이면 $t$개까지의 비트 오류를 정정할 수 있고 $(t+1)$개의 비트 오류를 검출할 수 있습니다.

## 5. 채널 부호+

일반적으로 선형 블록부호는 메시지와 부호어 비트 수가 증가하면 실제로 부호기와 복호기의 구현이 매우 복잡합니다. 예를 들어 $(n, k)$ 선형 블록부호의 부호기는 $k$-입력 $n$-출력 조합논리회로가 됩니다. 따라서 복잡도를 감소시킨 부호의 구현이 필요합니다.

가장 널리 사용되는 선형 블록부호가 순환부호(cyclic code)입니다. 이 순환부호는 귀환 이동 레지스터(feedback shift register)를 이용한 순서논리회로로 구현할 수 있습니다. 앞에서 살펴본 (7, 4) 해밍부호도 3단 이동 레지스터로 구현이 가능합니다. 일반적으로 $(n, k)$ 선형 블록부호는 $n - k = r$단

이동 레지스터면 충분합니다. (15, 11) 해밍부호의 부호기는 조합논리로는 11개의 입력과 14개의 출력이 필요하지만 순환부호로는 4단 이동 레지스터만 필요합니다.

또 다른 순환부호로는 BCH부호가 있습니다. 이 부호는 1959년에 프랑스 수학자 A. Hocquenghem이 처음으로 제안하였으나 발표가 되지 않아 수년간 잊혀졌습니다. 그리고 이와는 전혀 관계없이 그 이듬해에 R. C. Bose와 D. K. Ray-Chaudhuri가 제안하여 처음에는 Bose-Chauhuhuri 부호로 불렸습니다. 그러다가 Hocquenghem의 업적이 Bose와 Ray-Chaudhuri보다 먼저라는 것이 확인되어 BCH부호로 다시 불리게 됩니다. 이 BCH부호는 해밍부호와 달리 단일 오류뿐만 아니라 일정한 수의 다중 오류(multiple errors)도 정정할 수 있는 2진 부호입니다. 그러므로 해밍부호를 순환부호로 구현한다면 해밍부호는 BCH부호의 부분집합(subset)이 됩니다.

다음은 1960년에 리드(Irving S. Reed)와 솔로몬(Gustave Solomon)이 발표한 RS부호입니다. 읽기가 쉽기 때문에 그냥 리드-솔로몬 부호라고도 합니다. RS부호는 비2진(non-binary) 오류정정부호입니다. 따라서 2진 오류정정부호와는 달리 오류 위치뿐만 아니라 그 오류의 올바른 값까지 알아야 합니다. 어떤 비2진 심벌도 사용할 수 있지만 현실적으로 2진 심벌, 즉 비트를 여러 개 묶어서 하나의 비2진 심벌로 처리합니다. 만약 $k$개의 비트로 하나의 심벌을 만들면 RS부호는 모두 $2^k$개의 심벌을 가지므로 $2^k$진($2^k$-ary)부호가 됩니다. 이 RS부호는 모든 오류가 독립적으로 발생하는 랜덤오류가 아닌 연집(bursty)오류의 정정에 특히 우수한 성능을 나타냅니다. 일정한 길이의 모든 심벌 혹은 비트에 발생하는 오류가 연집오류입니다. 따라서 어떤 시점의 오류확률은 그 인접 비트가 오류인지 아닌지에 따라 달라집니다. 만약 8개의 비트로 하나의 심벌을 만들면, 그 8개의 비트 중 하나의 비트만 오류든 8개 비트 모두 오류든 심벌의 관점에선 하나의 오류입니다. 따라서 단일 심벌오류정정 능력만 가지는 비2진 RS부호로도 2진 부호의 관점에서는 8비트 연집오류 정정이 가능합니다. 이런 이유로 다른 부호들에 비해 RS부호는 연집오류정정에 우수한 성능을 보입니다. 이동통신 채널의 모델로 사용되는 페이딩(fading) 채널이나 콤팩트디스크(compact disc: CD) 등이 연집오류가 발생하는 대표적인 예입니다.

다음으로는 길쌈부호(convolutional code)입니다. 길쌈부호는 선형 블록부호와는 달리 부호기에 기억소자(memory)를 가진 부호입니다. 기억소자는 이동 레지스터의 형태입니다. 먼저 메시지가 탭(tap)을 가진 이동 레지스터의 입력으로 들어갑니다. 그리고 탭 출력들은 모듈로-2 합산기로 더해집니다. 마지막으로 합산기의 출력이 병렬입력-직렬출력 이동 레지스터를 거쳐 송신 부호어가 됩니다. 따라서 메시지가 같아도 탭을 가진 이동 레지스터의 내용에 따라 다른 부호어가 만들어집니다. 항상 동일한 $k$비트의 메시지에는 동일한 $n$비트의 부호어가 만들어지는 블록부호와는 다른 특성입니다. 특히 이 길쌈부호는 RS부호와는 달리 랜덤오류에 매우 우수한 성능을 보입니다.

앞에서 언급하였듯이 RS부호는 연집오류의 정정에 우수한 성능을 보이고 길쌈부호는 랜덤오류의 정정에 우수한 성능을 보입니다. 그럼 연집오류와 랜덤오류가 모두 발생하는 채널에는 어떤 부호를 사용할까요? 대표적으로 이동통신이나 위성통신 채널 등이 해당합니다. 이런 경우에는 길쌈부호나 RS부호 하나만 사용하지 말고 둘 다 사용하는 것이 대안이 될 수 있습니다. 두 부호를 연결하여 사용하는 연접부호(concatenated code)입니다. 대표적으로 내부부호(inner code)로는 랜덤오류에 강인한 길쌈부호를, 그리고 외부부호(outer code)로는 연집오류에 강인한 RS부호를 사용합니다. 먼저 부호기에서는 RS부호기로 외부부호를 먼저 부호화하고 이어서 길쌈부호기로 내부부호를 부호화합니다. 복호기에서는 반대로 내부부호를 먼저 복호하고 이어서 외부부호를 복호합니다. 이 연접부호는 단일 부호를 사용하는 경우에 비해 복호 복잡도는 줄이면서 더 우수한 오류성능을 얻을 수 있습니다. 각 구성부호인 내부부호와 외부부호를 별도로 복호하므로 복호 복잡도를 줄일 수 있습니다.

지금까지의 부호는 수신 부호어를 한 번만 복호합니다. 복호된 부호어는 원 수신 부호어보다 신뢰성이 높아집니다. 그럼 한 번만 복호하지 않고 한 번 복호된 부호어를 다시 복호할 수 있다면 더 신뢰성 있는 부호어를 얻을 수 있을 것으로 예상할 수 있습니다. 이런 생각으로 병렬로 연접된 길쌈부호에 반복복호(iterative decoding)를 도입한 것이 터보부호(turbo code)입니다. 이 터보부호는 1993년에 Claude Berrou, Alain Glavieux와 Punya Thitimajshima가 통신공학 분야에서 세계 최고 권위를 가지는 국제통신학회(International Conference on Communications: ICC)에서 처음 소개하였습니다. 반복복호에 의해 획기적인 성능을 얻을 수 있었기 때문에 당시 전 세계 통신학자들을 깜짝 놀라게 하였습니다.

마지막으로 1960년 Robert G. Gallager가 매사추세츠 공과대학(MIT)의 박사학위논문에서 제안했던 저밀도 패리티 검사 부호인 LDPC(low density parity check)부호입니다. 당시 기술상의 어려움 때문에 30년 넘게 잊혀졌다가 1996년에 케임브리지(Cambridge)대학의 David J. C. Mackay와 Radford M. Neal에 의해 재발견되었습니다. LDPC부호는 이름에서도 알 수 있듯이 단일 선형 블록부호입니다. 저밀도란 말은 블록부호를 나타내는 패리티 검사 행렬(parity check matrix)에 1이 거의 없고 대부분이 0이라는 의미입니다. 이 LDPC부호도 터보부호와 마찬가지로 반복복호에 의해 획기적인 성능을 보입니다. 그러나 터보부호는 10회 이내의 반복복호에서 성능이 더 향상되지 번의 반복복호에도 성능이 향상됩니다. 이 LDPC부호는 합-곱 알고리듬(sum-product algorithm: SPA)으로 복호할 수 있습니다. 즉 덧셈과 곱셈만 필요합니다. 따라서 터보부호에 비해 복호 시 계산 복잡도를 줄일 수 있습니다. 또 일반적으로 부호어 길이가 매우 긴 LDPC부호는 높은 $E_b/N_0$ 영역에서 터보부호보다 더 우수한 성능을 보입니다. 즉 낮은 $E_b/N_0$ 영역에서는 터보부호가, 높은 $E_b/N_0$ 영역에서는 LDPC부호가 더 우수한 성능을 보입니다. 그러므로 성능 면에서 현재보다 더 낮은 오류확률이 요구되는 차세대 통신 시스템에서는 LDPC부호가 더 적합할 것으로 예상됩니다.

끝으로 제4부 정보이론에 관심이 있는 분들은 본 저자의 다른 저서인 『정보이론과 부호화』(경북대학교출판부, 2011)를 참조해 보길 권합니다.

감사합니다.